国家重点研发计划项目（2019YFC1904304）
国家自然科学基金重点项目（52130402）
合肥综合性国家科学中心能源研究院（安徽省能源实验室）资助项目（21KZS217）

多源煤基固废充填材料性能测试与工程应用

杨 科 著

中国矿业大学出版社
· 徐州 ·

内 容 提 要

本书依托国家重点研发计划课题"多源煤基固废协同利用与绿色充填关键技术"（2019YFC1904304），基于煤炭资源绿色开采理念，以煤矸石、粉煤灰、脱硫石膏、气化渣、炉底渣等煤基固废材料为原料，采用试验与理论分析相结合的方法，系统研究了多源煤基固废充填材料理化性质、多源煤基固废充填料浆流变及流动性、多源煤基固废充填体力学性能、多源煤基固废充填体对地下水环境的影响，并进行了工程应用。全书内容丰富、层次清晰、图文并茂，具理论性、前瞻性和实用性。

本书可供采矿工程领域的科研与工程技术人员参考。

图书在版编目(CIP)数据

多源煤基固废充填材料性能测试与工程应用 / 杨科著. —徐州：中国矿业大学出版社，2024.6

ISBN 978-7-5646-6118-2

Ⅰ. ①多… Ⅱ. ①杨… Ⅲ. ①煤炭工业—废物综合利用 Ⅳ. ①X752

中国国家版本馆 CIP 数据核字(2023)第 239077 号

书　　名　多源煤基固废充填材料性能测试与工程应用
著　　者　杨　科
责任编辑　王美柱　于世连
出版发行　中国矿业大学出版社有限责任公司
　　　　　　（江苏省徐州市解放南路　邮编 221008）
营销热线　(0516)83885370　83884103
出版服务　(0516)83995789　83884920
网　　址　http://www.cumtp.com　**E-mail**：cumtpvip@cumtp.com
印　　刷　苏州市古得堡数码印刷有限公司
开　　本　787 mm×1092 mm　1/16　**印张** 8.75　**字数** 224 千字
版次印次　2024 年 6 月第 1 版　2024 年 6 月第 1 次印刷
定　　价　48.00 元
（图书出现印装质量问题，本社负责调换）

前　言

富煤、贫油、少气的资源禀赋特征决定了我国能源以煤为主的基本国情。从煤炭生产、加工到利用形成了一条庞大的产业链，对我国经济的快速发展起到了巨大的支撑作用。煤炭开采、分选、发电、煤化工等煤炭开发和利用过程不可避免产生大宗煤基固体废弃物，如煤矸石、粉煤灰、脱硫石膏、气化渣和炉底渣等。当前，我国煤基固废综合利用率低，贮存量大，从而增加水土气等环境污染风险，威胁人民安全健康，煤基固废资源化利用迫在眉睫。

煤基固废绿色充填开采将固体废弃物回填至采空区，既可以消除地表固体废弃物污染源，又可以控制上覆岩层的下沉，从而保护地上与地下的生态环境，符合“绿水青山就是金山银山”的发展理念。科研与技术人员围绕充填开采理论与技术展开了大量的研究，在充填材料制备、充填体力学性质、充填料浆流动性和充填开采岩层移动控制等方面取得了丰富且有益的成果，为煤基固废绿色充填开采的研究与应用奠定了坚实的基础。然而，当前充填材料制备主要以煤矸石和粉煤灰利用较多，而针对多源煤基固废协同利用较少；煤矿充填开采技术体系中，覆岩离层注浆、固体矸石充填和膏体充填应用广泛，而采空区垮落带注浆充填起步较晚，相关的理论与技术研究并不充分。因此，一方面需要掌握多源煤基固废材料属性及制备充填材料性能，另一方面亟须开展煤矿垮落带注浆充填浆液扩散特征、扩散范围、浆液骨料迁移规律等基础理论及工程技术的研究，为当下煤电基地固废规模化、资源化和无害化处置提供理论依据和技术指导。

本书紧密结合煤电基地产业发展需求，针对煤炭资源安全绿色开采与固废处置等问题，采用现场调研、室内试验、理论分析、数值模拟相结合的研究方法，系统分析了多源煤基固废的理化性质、垮落带破碎矸石压实特性、破碎矸石注浆充填扩散规律及多源煤基固废注浆充填环境效应，并将研究成果运用于现场示范工程指导。

研究成果是在国家重点研发计划项目(2019YFC1904304)、国家自然科学基金重点项目(52130402)、合肥综合性国家科学中心能源研究院重大培育项目(21KZS217)的资助下完成的，凝结了研究团队多年来的科研心血。感谢安徽理工大学提供优质的试验平台及国家能源集团宁夏煤业有限责任公司任家庄煤矿工程技术人员协助现场调研与实测！真诚感谢本书所引用的参考文献的作者及启迪作者思想的其他国内外学者！

感谢研究团队华心祝、朱金波、李寒旭和陈登红教授对研究工作的指导；感谢李志华、陈要平、张治国副教授，何祥、张连富、常贯峰、魏祯讲师，侯永强、赵新元博士后在本书理论分析和试验研究中所做的大量工作；感谢团队研究生张继强、于祥、方珏静、何淑欣、文志强、邹恩隆、耿倩、夏文韬、朱凌珊等为本书作图、排版所做的细致工作。

尽管作者在撰写本书过程中，认真细致地整理科研资料，用心地选取内容、设计结构层次，但是限于作者的水平，书中难免有不妥之处，恳请有关专家和广大读者批评指正！

杨　科

2024年5月

目　录

1 绪 论

1.1 概 述

“十三五”期间，我国一般工业固体废弃物年产生量均在 35 亿 t 以上，综合利用率维持在 52%～57%之间，整体呈先下降后上升的趋势。山西省作为我国产煤大省，其一般工业固体废弃物年产生量均在 2.8 亿 t 以上；宁夏回族自治区一般工业固体废弃物年产生量相比较少，但呈稳步增长。从固废种类来看，宁东能源化工基地煤基固废产生量(2022 年)前 5 位分别为粉煤灰 786 万 t、气化渣 784 万 t、煤矸石 735 万 t、炉底渣 238 万 t、脱硫石膏 172 万 t，在一般工业固体废弃物中占比分别为 27.1%、27.0%、25.3%、8.2%和 5.9%。可以看出，煤基固体废弃物在一般工业废弃物中占据较大比例，因此，处置煤基固废材料是提高一般工业废弃物综合利用率的关键所在。

目前，煤基固废材料的处置仍主要以地表堆存为主，在多风季节容易发生扬尘，造成严重的空气污染，并且堆存还会占用大量土地、污染地下水源、严重破坏生态环境。《关于“十四五”大宗固体废弃物综合利用的指导意见》指出：“到 2025 年，煤矸石、粉煤灰、尾矿(共伴生矿)、冶炼渣、工业副产石膏、建筑垃圾、农作物秸秆等大宗固废的综合利用能力显著提升，利用规模不断扩大，新增大宗固废综合利用率达到 60%，存量大宗固废有序减少。”“持续提高煤矸石和粉煤灰综合利用水平，推进煤矸石和粉煤灰在工程建设、塌陷区治理、矿井充填以及盐碱地、沙漠化土地生态修复等领域的利用，有序引导利用煤矸石、粉煤灰生产新型墙体材料、装饰装修材料等绿色建材，在风险可控前提下深入推动农业领域应用和有价组分提取，加强大掺量和高附加值产品应用推广。”因此，针对地表堆存的大量煤基固废材料，矿山企业迫切需要开展多源煤基固废绿色处置技术攻关。

此外，随着我国经济快速发展，煤炭资源的开发利用需求不断增加，建筑物下、铁路下、水体下和承压水上(“三下一上”)开采成为我国煤矿开采面临的重要问题。据对全国国有重点煤矿不完全统计，我国目前“三下一上”压煤达到 137.9 亿 t，其中建筑物下压煤 94.7 亿 t，铁路下压煤 24.2 亿 t，水体下压煤 19.0 亿 t。随着我国城市化水平不断提高，三下一上压煤量仍将增加。开采这部分煤炭资源将引发搬迁问题，搬迁成本的不断提高，不利于保障矿区附近人民群众生命财产安全和矿山生产效益，如何使用有效的技术置换出这部分难以开采的煤炭资源成为矿业工作者关注的课题。

充填开采能够控制地表变形，置换“三下”压煤量，提高煤炭资源采出率。目前，我国煤矿应用的充填开采方法主要有固体工作面充填开采、固体巷道充填开采、覆岩离层注浆充填开采、高水材料充填开采和膏体工作面充填开采等几种方法。固体工作面充填开采方法将井下采煤、掘进过程中产生的矸石及地面分选过程中产生的矸石，经机械破碎后，配以粉煤灰、黄土等辅料，通过连续输送系统输送至工作面进行采后直接充填，并用推压密实装置对充填物料推压密实，实现采空区密实充填。覆岩离层注浆充填开采方法利用煤层开采后覆岩下沉开裂过程中形成的离层空间，借助高压注浆泵，从地面通过钻孔向离层空间注入充填材料，减少采出空间覆岩断裂下沉向上的传递，支撑离层上位岩层、减缓岩层进一步弯曲下沉，从而达到减缓地表下沉的目的。高水材料充填开采方法将制备好的高水充填材料通过管路输送至工作面采空区充填袋(包)，待凝固后形成固定形状的支撑体，起到支撑顶板的作用。由于高水充填材料具有流动性好的特点，可以通过地面打孔至采空区进行灌注，也可以通过管路直接输送至采空区。工作面膏体充填开采方法将煤矿生产过程中产生的煤矸石、电厂产生的粉煤灰、工业炉渣等固体废弃物，在地面加工制成浆状充填材料，通过专用充填泵加压，经充填管道输送至井下工作面。膏体充填技术近年来快速发展，以其可显著控制地表变形的优势得到了国内外矿山的广泛关注，在金属、煤炭开采领域发展迅速。以膏体充填技术为代表的充填技术能够处理矿山堆存的固体废弃物，而且能够有效置换难以开采的煤炭资源，充实率可达90%以上。

现阶段，国家鼓励产废企业开展绿色生产变革，在生产过程中充分考虑后续综合利用，从源头控制固废产出。在矿业方面，绿色理念更为深入人心，矸石不出井的生产模式得到大力推广，“煤基固废充填”以减少矸石外排、消除地表堆存的固废材料为特点受到广泛欢迎，政策方面鼓励采矿企业利用自产固废充填采空区、治理塌陷区，实现就地消纳。相关企业及科研院所纷纷建立研发平台，加大关键技术研发投入力度，重点突破源头减量与高质量综合利用关键技术和装备，推动大宗固废利用过程风险控制的关键技术发展。

1.2 多源煤基固废材料属性及综合化利用路径研究现状

1.2.1 多源煤基固废产出源头

煤炭开采利用过程中产生的固体废弃物主要包括煤矸石、粉煤灰、煤气化渣、脱硫石膏等。其中，煤矸石是采煤过程和选煤过程中排放的固体废物，是一种在成煤过程中与煤层伴生的含碳量较低、比煤坚硬的黑灰色岩石，每生产1 t煤炭约产生0.1～0.3 t的煤矸石。火力发电要排出大量的灰渣，每10 MW的装机容量需要排放粉煤灰约10 000 t。全国发电机装机容量达到1.1×10^8 kW以上，其中燃煤火电站装机总量占80%。粉煤灰是从烟道气中捕获并通过静电或机械沉淀收集的颗粒物质，粉煤灰占燃煤5%～20%的质量，通常以粗粉煤灰和细粉煤灰的形式存在，分别占所产生灰分的5%～15%和85%～95%。煤气化渣是煤与氧气或富氧空气发生不完全燃烧生成CO与H_2的过程中，煤中无机矿物质经过不同的物理化学转变伴随着煤中残留的碳颗粒形成的固态残渣，可分为粗渣和细渣两类。粗渣产生于气化炉的排渣口，占60%～80%；细渣主要产生于合成气的除尘装置，占20%～40%。炉底渣是从锅炉底部排渣口排出的灰渣，也被称为粉煤灰渣。为了确保火电厂SO_2的排放达标，对含硫烟气运用石灰-石灰石浆液处理是多数火电厂的选择。在对SO_2的吸收过程中，石灰-石灰石浆液与SO_2反应生成硫酸钙和亚硫酸钙，亚硫酸钙经氧化转化成硫酸钙，得到工业副产石膏，称为脱硫石膏，其主要成分和天然石膏一样，为二水硫酸钙$CaSO_4\cdot2H_2O$，含量≥93%。

1.2.2 多源煤基固废基础属性

多源煤基固废不是单纯的废弃物，而是有待合理利用的资源。通过对其材料性能的改良，多源煤基固废能够应用在许多场景中。多源煤基固废在环境、资源、材料等方面存在特有的多重属性，为其无害化、资源化和规模化充填应用奠定了基础，是开展多源煤基固废充填的重要依据。

(1) 环境属性

煤基固废的理化性质与环境安全密切相关，具备环境属性。首先，多数煤基固废重金属含量和浸出量一般可按Ⅰ类固废进行安全堆存和回填；少数Ⅱ类煤基固废可采取吸附解吸、络合钝化等技术手段降低其毒害性，再进行分级分类安全利用。其次，煤基固废堆积在地表，侵占大量土地，环境污染风险大，且存在滑坡等地质灾害隐患，威胁群众人身安全和身心健康，损害政企发展形象，降低居民生活幸福感，破坏社会和谐和人文环境。煤基固废被科学合理地处置到地下空间，可修复地表生态，保护井上下水体和地层结构，改善井下安全环境，与地表生态、井下环境融为一体的同时又起到修复和保护作用。

(2) 资源属性

煤基固废是一种放错地方的资源，通过技术创新可以在矿山充填领域发挥其资源属性。煤矸石中富含的高岭土在高温煅烧或活性激发后会转变为火山灰，可用于水泥基充填材料。气化细渣富含硅铝元素，通过脱水、分选或活化、改性等方法制备高灰产品或PAC(聚合氧化铝)、水玻璃等，用于充填吸附和胶结辅助材料。气化粗渣、炉底渣和脱硫石膏通过机械/化学活化、增钙活化和表面络合活化等手段可提高其火山灰胶凝特性。各类粉煤灰活性差异大，可采取分级分选措施优选活性指数大的粉煤灰作为目标胶凝材料。对多种煤基固废进行级配改善、优化和耦合活化等，制备活性指数＞70％的高活性复合粉体，用于充填胶凝材料等。煤基固废资源化利用技术框架如图1-1所示。

(3) 材料属性

煤基固废是以煤为主线的煤电化产业链排放的固体废弃物，可以直接或间接利用，具备材料属性。在煤矿充填领域，符合国标《一般工业固体废物贮存和填埋污染控制标准》(GB 18599—2020)的煤基固废可作为充填材料。煤矸石、炉底渣、气化渣、粉煤灰等因富含多孔结构或火山灰活性成分，可作为井下充填吸附材料、胶凝材料以及充填输送润滑材料等。煤基固废的粒度和成分存在互补和协同特性，通过合理搭配并加入外加剂和水制备成充填料浆，以管路泵送方式输送至地下空间，可实现固废处置、煤炭置换、减损减沉等充填目标。未来煤基固废还可进一步用于储库式、防渗式、防辐射等结构性、功能性、战略性充填。

1.2.3 多源煤基固废材料综合化利用路径

根据煤基固废基本材料性质，研究分析其潜在的材料性能效应，在此基础上通过产废单位对固废生产的管控，形成适用应用市场需求的类别，是煤基固废分质分类资源化利用的有效途径。多源煤基固废材料不仅可以作为原料制备建筑材料、新型墙体材料及水泥助磨剂等用于建筑行业，也可以作为充填材料及土壤调理剂用于矿山井下充填及地表复垦，其具体的应用路径如下。

(1) 建筑材料

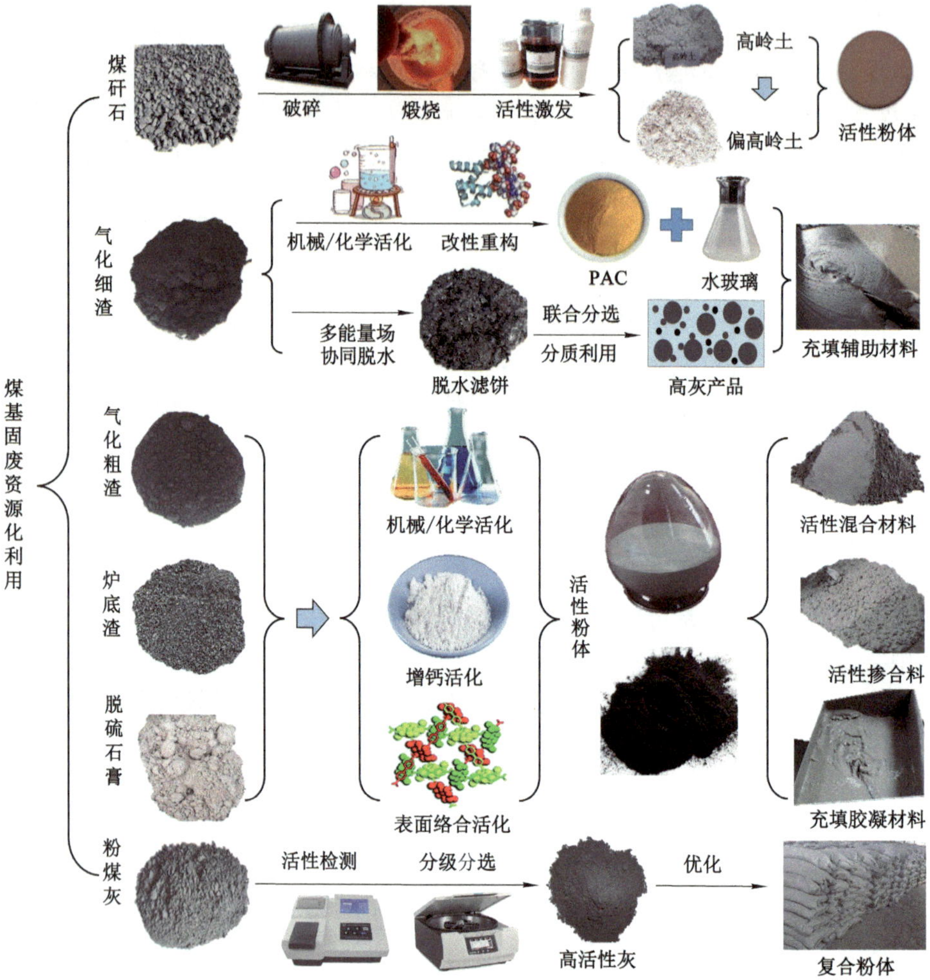

图 1-1　煤基固废资源化利用技术框架

目前，以“煤矸石脱碳→烟气脱硫→余热利用→煤矸石陶粒→轻质环保建材”循环经济产业链构建起了煤矸石综合利用发展模式，采用煤矸石综合利用技术生产脱碳煤矸石、脱硫石膏、优质砂浆及水泥活性掺合料、陶粒及制品等系列产品，可以形成资源梯级利用、有序循环的循环经济体系，成为有效治理和资源化利用积存的煤矸石山、逐步解决煤矸石占地污染等问题的有效途径。

(2) 水泥助磨剂

高效水泥助磨剂生产将粉煤灰、煤矸石、电石渣、脱硫石膏及其他辅料按比例进行搅拌混合、辊压破碎、磨粉筛分后形成水泥生产添加剂。水泥助磨剂不仅可以显著提高水泥台时效率，还可以提高水泥早期强度和后期强度。年产 200 万 t 高效水泥助磨剂生产线，年可以利用煤基固体废弃物 212 万 t，其中粉煤灰 112 万 t、脱硫石膏 10 万 t、煤矸石 40 万 t、炉渣 30 万 t、电石渣 20 万 t。

(3) 新型墙体材料

新型墙体材料中，加气混凝土砌块和板材具有质量轻、抗震、隔热、保温、防火、隔音、节能、施工效率高、适应性强等特点；蒸压灰砂砖具有抗冻性、耐蚀性、抗压强度高等多项性能。加气混凝土砌块和板材、蒸压灰砂砖是国家重点推广的新型墙体材料。一条蒸压加气混凝土砌块/墙板生产线及两条全自动蒸压灰砂砖生产线，年可以利用煤基固体废弃物41.4 万 t，其中粉煤灰 40.5 万 t、脱硫石膏 0.9 万 t。

(4) 硅酸钙板

硅酸钙板生产是指纸浆制备及硅灰石、云母等打浆处理后制成纤维浆，再与水泥、粉煤灰分别混料搅拌后制成料浆，经过制板、加压、脱模、干燥等工序制成板材。硅酸钙板具有较高的强度和良好的耐水性，而且是防火性能较好的新型装饰材料，常用于复合墙体面板、吊顶装饰和防火覆盖、防火通道、防火隔墙、烟道等建筑施工。两条年产 900 万 m^2 硅酸钙板生产线，年可以利用粉煤灰 12 万 t。

(5) 环保型井下充填材料

以满足《一般工业固体废物贮存和填埋污染控制标准》第Ⅰ类一般工业固废要求的煤矸石和气化粗渣为骨料，以水泥、粉煤灰、脱硫石膏、炉底渣为胶凝材料，可以制备环保充填材料。根据充填材料制备试验初步结果（煤基固废取自宁东能源化工基地），充填膏体配比为煤矸石∶粉煤灰∶气化渣∶水泥（质量比）为 1.0∶4.2∶4.2∶0.6，第三方检测报告显示，该材料 28 d 的强度为 6.7 MPa，煤基固废在充填材料中的掺量超过 90%，其中气化渣在充填材料中的掺量为 15%，充填浆体初凝时间为 5.91 h、终凝时间为 9.7 h，满足现场膏体充填开采需求。粉煤灰及炉底渣矿物玻璃相与水泥水化反应生成的碱进行激发反应，再辅以具有凝胶性的脱硫石膏，作为充填材料中的凝胶材料。测试结果表明，以气化粗渣作为骨料，被凝胶材料包覆固化后，重金属渗出率可满足上述标准的要求。

充填材料来源不足是我国煤矿充填开采推广和应用的重要制约因素。煤矿可利用的原煤矸石率约 20%，煤矿的充填材料来源不足，导致煤矿充填开采规模不能满足需求，从而严重阻碍了煤矿充填开采技术的大规模推广应用。破解充填材料不足的难题，首先应研发高效率、高质量、廉价、环保的新型充填材料，这是未来煤矿充填开采规模化和解决高成本难题的重要环节；其次应紧密结合矿区地表生态治理，充分利用地域资源，山区、丘陵地区可利用荒山秃岭废石、河沙作为充填材料，按照生态治理的统一规划，应用充填的方法进行生态治理；再次应研发城市建筑垃圾作为充填材料，既解决城市高速发展过程中建筑垃圾带来的困扰，又可以换取煤炭资源；最后是利用相邻金属矿山尾矿进行充填，进行生态共建，金属矿山的尾矿量大，且数量基本稳定，便于工业化利用。

(6) 采煤塌陷区回填复垦

在煤基固废不同化学成分及颗粒大小分布条件下开展最佳配比研究，如煤矸石及粉煤灰的无机物含量均以硅铝酸盐为主，但煤矸石粒径的范围是厘米级别，而粉煤灰的粒径范围是微米级别，相差 4 个数量级，可进行颗粒大小复配达到最佳级配。对煤基固废作为填充料的回填层机械压实性能进行测试分析，结果显示，矸石和粉煤灰质量比为 1.0∶0.6 时，制备的密实回填材料在 0～25 MPa 的压实应力范围内压实率降幅最小。回填压实后，形成再生的硅铝酸盐矿物，覆表土后可进行复垦绿化。

(7) 活性粉体和高值化产品

新型活性掺合料是指将粉煤灰、粒化高炉矿渣粉、火山灰质材料和硅灰等，经过水化反应，生成的具有水硬性的胶凝物质。尤其是在减水剂作用下，不仅可以提高新拌混凝土的质量，还可以改善混凝土的可泵性。一条年产 30 万 t 活性掺合料生产线，年可以利用粉煤灰 21 万 t。对粉煤灰、气化渣、炉底渣及脱硫石膏进行不同配比的优化试验，可以制备出复合活性粉体，活性粉体的比表面积为 350 m^2/kg，需水量为 96%，7 d 活性指数为 74%，28 d 活性指数为 79%。通过开展活性粉体对水泥和混凝土性能影响的试验研究，发现活性粉体用于水泥及混凝土后，不但可以降低水泥熟料及水泥用量，还可以进一步提高混凝土的适用性和质量，实现高值化利用。

（8）土壤调理剂

土壤调理剂不仅能够增强土壤肥水渗透力、增强农作物抗病能力、恢复农作物原生态等，还能够大幅度提高植树成活率和农产品产量、恢复农林产品的天然风貌。一条年产 50 万 t 土壤调理剂生产线，年可以利用气化渣 45 万 t。通过对电厂粉煤灰进行酸法重金属浸出试验发现，高浓度重金属（Cr、As 和 Zn）的浸出率超过 70%，生态修复材料中粉煤灰的掺量可以达到 45%以上。通过不同配方试验研究，将超标重金属分离剔除的煤基固废与有机肥、生物基磺酸盐等进行复配，可以研发出盐碱化土壤调理剂，该土壤调理剂施用后土壤的 pH 降低 10%以上，盐分降低 15%以上，重金属检测值低于《土壤环境质量 农用地土壤污染风险管控标准（试行）》（GB 15618—2018）中的风险管控值。其中，将粉煤灰与牛粪、秸秆共同压制成育苗钵可以培育耐旱耐盐碱植株，将粉煤灰与气化细渣、牛粪掺混可以研发出沙生植物栽培基质，其基本理化性质接近或优于商品育苗基质，但成本可降低 62%。

1.3 多源煤基固废综合化利用存在问题及推动措施

1.3.1 多源煤基固废综合化利用存在的问题

（1）固废资源价值被忽视

我国除煤炭、稀土等部分矿产可以实现自给外，其他如铁矿、铝土矿、铜精矿等金属矿产资源对外依赖程度较高。工业固废的利用可有效替代一次矿产资源，减少不必要矿产资源的过度开发，但是我国对于此方面研究分析与投资程度仍然较低，工业固体废弃物对一次矿产资源的替代价值远远被低估。

近年来，非金属矿山的大量退出导致各类非金属矿价格暴涨，工业固废对黏土、页岩、高岭石、高铝土、石灰石等一次资源的替代性价比凸显。例如，煤系高岭土代替水洗高岭土生产耐火材料、硅酸铝纤维、莫来石等；煤矸石、粉煤灰、尾矿、建筑垃圾等代替黏土、页岩生产烧结砖、烧结陶粒、烧结瓦等；钢渣、矿渣、粉煤灰、副产石膏代替石灰石生产水泥掺合料、胶凝材料、地聚物等；电石渣、钢渣、赤泥代替石灰石粉、氨水、碳酸氢钠等；工业副产石膏代替天然石膏生产水泥缓凝剂等；尾矿、废石、建筑垃圾、煤矸石等代替砂石骨料；钢渣代替玄武岩用作沥青混凝土骨料等。

赤泥由于成分复杂、碱性强、水分大等因素预处理成本高，综合利用一直保持在较低水平；气化渣因含水率高、过燃碳和芳烃物质多等问题而始终缺乏大规模利用手段；电解锰渣由于产量集中、区域交通条件差、重金属含量高等因素综合利用率低。针对此类固废，需要在集中度高的城市给予不同于其他工业固废的更加有力的政策支持，如无害化贮存需要巨大的专项土地配套政策、道路工程材料消纳政策。同时，产废企业的"以渣定产"等政策尚未得到国家、地方管理部门和跨行业应用部门的有效充分支持。

(2) 固废利用的政策导向不明确

① 固废利用相关政策的局限性

煤矸石、气化渣、污泥等工业固废中含有一定量含碳组分，利用煤矸石、气化渣、污泥等生产烧结类制品可大量替代煤炭、天然气等能源。窑炉余热回收利用提升空间巨大，有热值类固废的余热回收技术项目在余热能源综合利用方面替代作用还没有得到充分释放发挥，其中以煤矸石问题最为突出。我国煤矸石中蕴含的能源价值约折合 7 000 万 t 标准煤，能源价值开发不足 10%。

如以煤矸石作为原料制备烧结砖、陶粒等项目时，固定资产投资项目节能审查时将煤矸石(低位发热量平均仅 800 kcal/kg)中含碳部分纳入能源消耗，并不符合《综合能耗计算通则》(GB/T 2589—2020)中煤矸石作为能源且平均低位发热量达 2 000 kcal/kg 的相关要求。煤矸石综合利用项目配套余热回收发电不纠细理，被广泛定义为"小火电"而不予审批，因此形成了"煤矸石自燃合理，余热回收发电不行"的怪象，严重影响了煤矸石综合利用项目审批，极大降低了能源综合利用效率。(1 kcal＝4.186 kJ)

② 固废利用相关政策协同性实施效果差

新老政策衔接不协调、资源综合利用部分政策不完善或存在冲突。以钢铁尘泥为例，由于原料中铁、锌等有价元素含量较高，其综合利用一般是采取高温还原等方式提取其中有价元素，但在环评对项目进行分类时，《建设项目环境影响评价分类管理名录(2021 年版)》中资源综合利用行业分类处于缺失状态。将钢铁尘泥综合利用项目划分至冶炼行业，受压缩钢铁产能、重金属指标等产业政策解读和理解不精准影响，项目较难或无法完成立项。同时，由于在能源评价上达不到地区要求万元 GDP 能耗强度或总量超出，环保类项目和经济投资类项目支持政策缺失、不清晰或不明确等，很多优质项目在立项阶段就面临无据可依窘况，在部分地区甚至直接被"一刀切"处理。

省市政策衔接和跨区域衔接政策落地性差。国家及各省市相继出台多项引导性政策鼓励固废综合利用产业发展，明确提出加强煤矸石、冶炼渣、气化渣等固废的综合利用。但很多地方政府因能耗等指标限制，针对大体量、烧结类和含碳固废项目大多采取"一刀切"处理方式否决，或作为普通建材类项目纳入"两高"范畴，不予或难以审批立项，从而导致部分多源工业固废综合利用支持政策成为空中楼阁，难以落地。多源工业固废存在较大区域性市场需求差异，以粉煤灰为例，北京市存在大量缺口，但是内蒙古自治区呼和浩特市、锡林浩特市等粉煤灰产生量巨大、利用率低且存在较大市场消纳问题。相关省市管理部门一是缺乏多部门协同支持，二是相关问题的识别性差，三是没有进行跨区域的有效政府间产业间合作。如能专项打通内蒙古粉煤灰与北京混凝土行业的直接合作，打通公转铁等相关政策瓶颈，补足缺失的顶层战略产业政策，有些问题就可以得到有效解决。

(3) 区域固废综合化利用不协调

多源工业固废品种多，物化性质不稳定，综合利用技术路线多，各类技术所处发展阶段、水平和适用性均有较大差别，综合利用端经常出现技术和资源与区域市场适配性差、复制难等问题。市场化合作方面，技术需求方往往是被动接受相关技术推荐，没有相应的评估能力，没有经过专业化团队的有效的市场调研和分析。产废企业、地方管理部门在进行工业固废综合利用过程中，对研发团队、综合利用技术选型、技术水平、技术示范项目等认识不足，加之从业人员专业性不强，忽视技术选型重要性，秉承“拿来主义”思想，对固废成分波动、技术成熟度考虑不足，缺失实验室验证，特别是工业化验证，从而导致大量项目建成即停产，极大地影响和制约了综合利用项目投资落地的效率和应有示范带动作用的发挥。

固废综合利用技术路线多，涉及产业链、产品链多，跨行业专业领域多，上游产业涉及矿山、火电、冶炼、化工等，下游产业涉及冶金、建材、农业、生态修复等，行业跨度极大，对从业人员专业层面知识要求较高。国内综合利用相关专业的高等院校、专业技术人员、产品销售人员、工程设计人员和产业链上下较为相似，单品种单产业研究者多，多品种跨行业跨领域研究者少，且大多从矿山、建材等领域转型而来，对固废综合利用技术、工艺、设备、标准、市场等产业研究不深、行业特点认识不足、产品半径认识模糊不清、销售策略领略不到位，从而致使整个行业全过程中不专业性现象突出，特别是对综合利用产品市场调研分析不足。

综合利用产品的区域市场差异较大，同一种固废综合利用产品，在不同区域经济性差别较大。同时，受地区资源禀赋、工业发展程度、区域交通特点、下游建材市场、房地产下行、工程化应用产品方向多且专业化程度高等因素制约，企业对资源综合利用产品市场容量、辐射半径、同质化竞争对手分析不足，对新兴市场了解程度不够，从而导致项目在市场竞争中始终处于下风。

（4）产废企业对固废综合化利用认识不足

① 产废企业不重视固废的综合利用

2021 年，钢铁企业前五大钢铁集团粗钢产量占全国粗钢产量约 28.88％；前五大煤炭集团合计产能占全国煤炭总产能的 40.43％；前五大氧化铝企业合计产能占全国总产能约 70％。工业固废产生及利用情况与产业链上游密切相关，上游头部产废企业的集中势必带来产废量的高度聚集。加之大部分尾矿、煤矸石充填等工艺技术只能给产废企业增加运行成本，没有足够的市场回报，部分头部产废企业及其实际控制人缺少生产者责任意识，没有充分将固废处置费用的长期投入形成固定资产投资意识，在固废综合利用方面没有进行有效的产业规划，没有形成以综合利用为主线的有效资源产品延伸体系。缺乏经济效益、环保效益、资源效益统筹分析，产废方对固废综合利用紧迫性的认识不足等综合性原因导致固废综合利用项目落地性差。

② 产废企业缺乏主体市场化项目培育

产废企业偏重工业固废的简单处置和低成本处置，不注重综合利用项目培育。资源型城市地方政府偏重防止固废污染和资源综合利用项目投资，环保类公司以有处置费用的项目优先投资和缺少多源工业固废项目投资经验。跨领域投资机构没有形成有效入场模式，但关注度上升明显。与传统水、气、土壤和危废投资项目相比，目前市场还缺失对多源工业固废的有效合作模式。

1.3.2 多源煤基固废综合化利用推动措施

（1）加强固废综合化利用政策导向性

① 提高产废企业责任主体政策前瞻性和固废利用意识

随着环保督察、固废法执法检查、排污许可证制度、台账指南和跨省转移办法等逐步实施，产废企业应尽早制定工业固废处置与综合利用专项规划（或技术解决方案），避免政策落地后，短期内企业固废处理压力骤增，进而影响主业生产顺行。鼓励工矿业聚集区开展“以渣定产”试点工作，特别是赤泥、电解锰渣、气化渣等综合利用率低的固废聚集区应该主动制定“以渣定产”相关政策，倒逼行业转型升级与绿色发展；加大对大型、超大型产废企业生产者责任监管；对产生量大、利用率低的行业（如氧化铝行业）加强专项督察等倒逼机制。以省、市为单位建立固体废弃物“产、转、存、用”信息化管理系统，针对工业固废的产生、排放、贮存、处置、利用等关键节点，根据台账指南、排污许可相关要求，建立信息化控制单元，实现数据可查、责任可追、污染可控。

② 固废处理能力和体制机制多元协同

工业固体废弃物种类多、区域内排放及历史堆存量大，仅以市县为单位进行单独规划和布局难以实现工业固废全量化利用，不利于打通产品市场。如长三角、珠三角、京津、成渝等都市圈建筑业蓬勃发展，建材市场长期存在供应缺口、产品价格高等问题；但都市圈周边的马鞍山、铜陵、韶关、清远、九江、承德、张家口、大同、乌兰察布、绵阳等工矿业友达的资源型（重工业）城市产生的工业固废则因消纳不足而大多以堆存填埋方式处理。以上区域应建立工业固废跨区域协同机制，消除邻避效应，充分考虑双方优劣势，强调工业固废资源化、原料化流转；建立特定品种的“一对多、多对多”豁免制度和白名单，如火力发电产生的粉煤灰用于混凝土掺合料等跨地区应用，在相关环节可建立全过程豁免等制度，鼓励工业固废处置、利用设施共用、共享；引导成熟的先进适用性技术落地，发达地区产品定向采购；鼓励传统建材企业原料替代、产能转移；鼓励建筑商定向采购、差异采购；鼓励“公转铁、铁转水”运输等手段，实现区域间优势互补。

(2) 推动区域性固废专业化平台建设

地方政府以及大型冶金、矿业、化工等工矿企业固废主要责任人应积极参加固废环境污染控制培训和资源综合利用行业技术交流活动，积极与第三方服务平台合作开展优秀示范调研考察。应提高区域性专项平台建设的支持力度，充分发挥平台的市场化优势，为政策监督管理提供更精准、更有效的着力点，解决行业信息不对称问题。资源型省份和城市应从顶层重视工业化固废的资源化利用，支持具备条件的大中专院校与全国专业性社会机构联合培养固废综合利用、专业化利用高职技术人才。地方政府可邀请全国范围内专家、科技型企业负责人面向产废企业开展精准的政策宣讲、技术推介、项目推广、产品对接、帮扶会诊等活动，提升产废企业资源综合利用意识和技术认知水平。

(3) 加强产废企业关键性技术难点突破

① 加强固废综合化利用关键技术攻关

大型产废集团、资源密集型城市、重化工业城市应针对多源工业固废中典型难点技术开展技术攻坚、揭榜挂帅等工作，引入研究团队、投资团队，推广新技术、新工艺、新设备，建设科技成果转化平台、技术研发中心、中试基地，切实解决“卡脖子”技术难题，实现区域内高质量资源化发展；应定期专项开展技术交流会、研讨会等活动，针对性解决高铝粉煤灰提取氧化铝、尾矿提取镓和锗等稀有金属、赤泥低成本脱碱、钢渣低能耗粉磨、细尾矿干排脱水等关键性难题。

② 强化固废处置利用多元化模式

大型产废企业主体多以煤炭、钢铁、矿山等传统资源型行业为主，尚未上市板块难以满足融资上市条件，对于大型产废集团，其通过将煤矿、钢厂等单位处理煤矸石、钢渣、尾矿的费用转为一次性固定资产投资，并成立单独的环保公司进行治理，将处置成本变成环保公司营收，围绕固废处理打造准上市公司，同时免去固废违法风险，形成主业关切。

1.4 多源煤基固废垮落带注浆充填可行性

目前我国井下充填已基本形成了固体充填、膏体充填、高水材料充填和离层注浆充填等为主体的技术体系和应用格局。除高水材料充填外，其余充填开采技术均有效处置和消纳了固废，如固体充填主要以煤矸石为主、粉煤灰为辅作为充填材料，膏体充填在煤矿的应用主要以粉煤灰、煤矸石等作为充填材料，离层注浆充填常见充填材料为粉煤灰、矸石粉等，这些充填技术主要以煤矸石和粉煤灰为充填材料，对脱硫石膏、气化渣和炉底渣等煤基固废的综合利用较少。因而，多源煤基固废井下注浆充填具有广阔的发展空间和应用前景。本节基于无害化、资源化、规模化的"三化"利用原则，开展针对性技术研发，介绍与分析了煤基固废从源头、过程到终端的充填全过程中的技术原理和方法，以解决煤基固废用于井下绿色充填的技术难点。

针对充填空间在煤层及以上岩层中的时空层位和形态，充填工艺布置可分为原位充填、低位充填和高位充填，形成多层位空间立体式充填布局，如图 1-2 所示。原位充填即在煤层开采后、直接顶垮落前对开采空间进行充填，主要有固体/膏体充填、条带充填、房柱式充填和采空区注浆充填等几类，其相关应用案例较多，技术较为成熟。高位充填是指当采用垮落法处理顶板时，离层空间在裂缝带上方和关键层下方发育充分，充填空间位置高，主要实践方式为覆岩离层注浆充填，相关研究和应用起步较早，成果丰富。而对于煤层上方存在采空区且直接顶破碎、随采随落的工况，采用原位充填难度大，高位充填不适用，则可采取低位充填方式，即在破碎直接顶或基本顶垮落后，垮落矸石与上覆坚硬岩层之间必然存在适于充填的欠接顶空间，当工作面推进到坚硬岩层垮落步距前采用超前定向钻孔或高位巷道向下钻孔等方式对目标空间进行注浆充填，使充填料浆胶结垮落矸石而形成顶板支撑结构。这种充填方式拓宽了充填技术应用条件，其工艺技术与原位和高位充填有所不同，应用案例少，具有一定创新性。因此，本书开展煤矿垮落带注浆充填浆液扩散特征、扩散范围、浆液骨料迁移规律等基础理论及工程技术的研究，为当下煤电化基地固废规模化、资源化和无害化处置提供理论依据和技术指导。

煤基固废用于井下充填，首先评价其是否可行。针对宁东能源化工基地煤矿数量多，沉陷区分布广、地下采空区体积大和压煤资源回收难等诸多问题，煤基固废井下绿色充填无疑是一种最高效和现实的解决方法。本节从安全、经济、技术和政策等 4 个指标研判其充填可行性，构建"四位一体"评价体系，如图 1-3 所示。

（1）安全可行

用于充填的煤基固废，其首先是安全的。根据检测结果，多数煤基固废重金属含量和浸出量符合《一般工业固体废物贮存和填埋污染控制标准》中Ⅰ类固废标准，少量煤基固废毒害性指标高于标准管控值，可采取重金属吸附与络合钝化、沉淀过滤等技术手段降低毒害性，使其符合Ⅰ类固废井下填埋的环评标准。煤基固废来源于多个矿厂企业，在不同的生产工艺下排出，其成分复杂，理化性质不同，但煤基固废相互之间并未存在不良反应，且与水和水泥混合并未生成毒害产物，煤基固废材料具备安全性。另外，煤基固废充填入地下空间

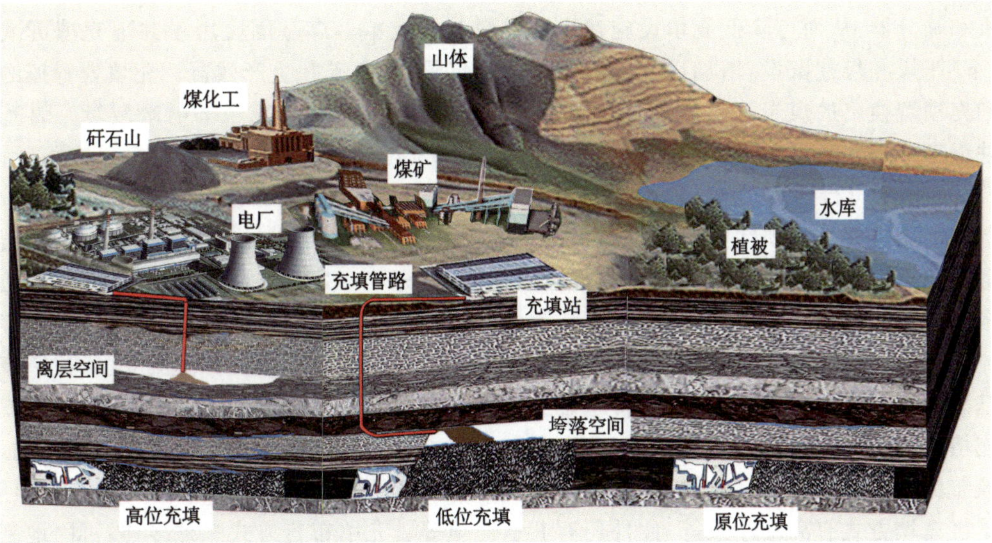

图 1-2　多层位立体充填机制

图 1-3　固废充填可行性评价体系

后，与矿井气体不发生毒害反应，对地下水和围岩等环境的影响符合《一般工业固体废物贮存和填埋污染控制标准》；充填还可以实现减损减沉和保水开采，减少矿压事故和采动灾害，构建安全作业环境。因此，煤基固废充填对井下环境和人员设备具备安全性。

(2) 经济可行

井下充填用的多源煤基固废为煤电等企业排放的固废物，充填用水为矿排水，材料来源广，种类丰富，就地取材，材料成本低，煤基固废用于井下充填还可减少渣场堆存费用。宁东能源化工基地核心区煤电化产业链上下游企业排废和运输半径不超过 40 km，固废分布较为集中，利于就近消化，从而可减少材料运输距离和成本。粉煤灰、气化渣和脱硫石膏等粒径相似的煤基固废在充填站内可共用储料仓，煤矸石与炉底渣等颗粒大的煤基固废可共用破碎机和筛分器，从而可降低充填设施建设和材料制备成本。煤基固废用于井下充填可减少“三下”压煤和煤柱留设，增加矿井资源量和服务年限，提高矿井生产效益。充填处置掉的固废和充填置换出的煤炭可申领政府和企业的相关补贴，享受降费减税等财政政策。煤基固废井下充填还兼具潜在无价的环境和社会效益。综上，煤基固废井下充填具备经济可行性。

(3) 技术可行

煤基固废井下充填在技术上是可行的。安全可行的煤基固废材料无论采取哪种输送动力形式，充填材料被制成固体、膏体或浆体形态，还是充填在采空区或离层空间，都有成熟的技术和装备。经过数十年的发展和应用，固体充填技术已经形成投料、运输、漏矸、夯实等工艺流程和投料装置、充填支架等装备体系；借鉴金属矿山充填经验，在膏体流变学、柱塞流动等基础理论和搅拌机、充填泵等装备基础上发展出煤矿膏体充填技术，在此基础上又形成浆体充填技术，其破碎、搅拌、泵送等工艺和装备大同小异。除了充填材料种类和形态不同，各充填布置方式也都有大量实践，如采空区充填方式有工作面全采全充、条带式开采充填等，离层区充填方式有离层注浆等，此外还有巷道充填等。充填布置方式多种多样，可因地制宜选择应用。此外，充填过程中的设备运行状态、矿压显现和地表沉陷等方面的监测预警技术也发展相对成熟。煤基固废用于井下充填不存在技术障碍。

(4) 政策可行

由理化性质和多重属性可知，多数煤基固废毒害性低，重金属含量和浸出量符合国家标准(GB 18599—2020)，可用于井下绿色充填。煤基固废井下充填可大量减少地表堆存量，有效保护水、土和空气，符合一系列环保政策，同时可实现减沉减损和保水开采，减少采动灾害，符合煤矿绿色开采理念。煤基固废用于井下充填同样也符合国家和地方鼓励固废综合利用的政策。近年来国家多部门联合出台一系列有关指导意见，连续多年对煤基固废协同利用给予政策指导和鼓励。国家和地方财政部门也对煤基固废绿色充填采取减税降费和财政补贴等支持措施。煤基固废用于井下充填不仅可规模处置固废，还兼具充填效益，契合绿色低碳、高质量发展和实现“双碳”愿景的时代主题。可见，煤基固废井下充填在政策上可行。

2 多源煤基固废材料理化特性

多源煤基固废充填材料主要由煤矸石、粉煤灰、气化渣、脱硫石膏、炉底渣等按照一定的配比参数制备而成。多源煤基固废充填材料的力学性能、工作性能不仅与配比参数有关，而且与原材料的物理化学性质密切相关。本章主要针对煤矸石、粉煤灰、气化渣、脱硫石膏、炉底渣等材料的物理化学性质开展系统研究，详细分析原材料的粒度分布、物理性质、化学组成、微观形貌等性质，从而在探明原材料理化性质的基础上，制备出性能优良的多源煤基固废充填材料，以期为煤矿井下充填体的参数设计提供理论指导。

2.1 煤基固废材料来源

本章试验材料均为宁夏宁东能源化工基地的Ⅰ类工业固废，其中煤矸石来自宁东能源化工基地的任家庄煤矿，粉煤灰、脱硫石膏、气化渣、炉底渣来自宁夏鸳鸯湖电厂。

宁东能源化工基地(以下简称宁东基地)位于宁夏银川市区东南部，总面积 3 500 km^2。自 2003 年开发建设以来，宁东基地先后被确定为国家大型煤炭生产基地、“西电东送”火电基地、煤化工产业基地等，是我国西部黄河流域重要的能源化工基地。宁东基地核心区部分企业分布如图 2-1 所示，该区域分布较多的煤矿、火电厂和煤化工厂等企业，煤基固废年产量大、增速快、同质化程度高。

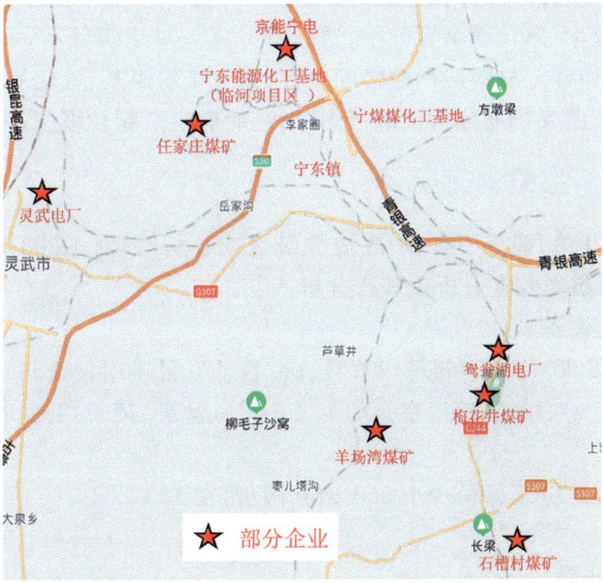

图 2-1 宁东基地核心区部分企业分布

宁东基地煤基固废年产量较大的主要有煤矸石、粉煤灰、脱硫石膏、气化渣和炉底渣。据统计，仅2020年，宁东基地各类大小矿厂企业产生的煤基固废高达2 400万t(图2-2)，其中粉煤灰产量约730万t，气化渣和炉底渣合计产量约815万t，脱硫石膏产量约155万t。除煤矸石外，其余固废的综合利用率均低于31%。固废存量和增量巨大，导致当地综合渣场库容接近饱和，无法满足中长期固废堆存要求。在黄河流域生态保护和高质量发展先行区建设大背景下，采取科学有效的固废协同利用方法，是宁东基地大宗煤基固废无害化、资源化、规模化处置利用的有效途径。

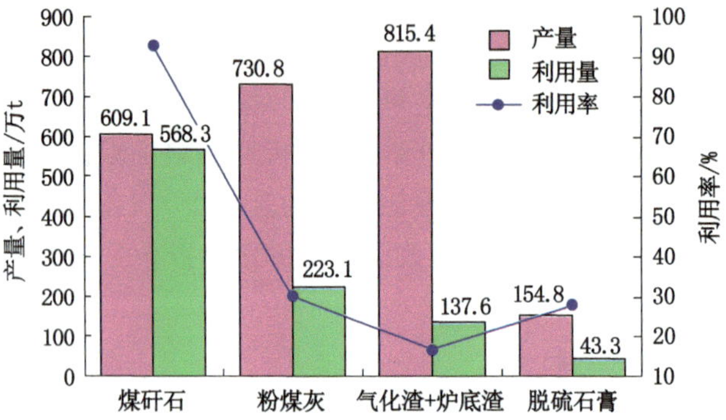

图2-2 2020年宁东基地煤基固废产量和利用率

2.2 煤基固废材料颗粒级配及元素赋存形态

原材料中各组成颗粒的分级和搭配称为级配，级配通过筛分试验确定。筛分试验就是将集料通过一系列规定筛孔尺寸的标准筛，测定出存留在各个筛上的集料质量，根据集料试样的质量与存留在各筛孔尺寸标准筛上的集料质量，就可求得一系列与材料级配有关的参数——分计筛余百分率、累计筛余百分率、通过百分率。对于煤矸石，采用试验标准筛依据四分法进行筛分，进而确定材料的颗粒级配特征，而对于粉煤灰、气化渣、脱硫石膏等细粒级材料则采用水洗法或激光粒度分析仪进行测试，进而确定其颗粒级配特征。

2.2.1 细粒级材料级配测试

在对粉煤灰、气化渣、脱硫石膏、炉底渣粒级级配分析时，对+200目颗粒采用水洗法，对−200目颗粒采用激光粒度分析仪进行分析。

(1) 试验仪器及设备

激光粒度仪(LMS-30)、试验标准筛(200目、160目、120目、80目、40目)、天平(称量1 000 g，要求感量不大于0.1 g)、烘箱(控温在105 ℃±5 ℃)、盆子、铲子、毛刷、滤纸、样品袋等。

(2) 试验过程

用四分法将试样缩分至每份少于550 g，共两份，在105 ℃±5 ℃的烘箱中烘干至恒重，冷却至室温后备用。

① 水洗法试验步骤

准确称取烘干试样约500 g，精确至0.5 g；取5～6个圆形容器，每个圆形容器装入一半清水；将 200 目(0.074 mm)筛放入脸盆中用水浸泡，然后用小勺向 200 目筛中加入样品；振动筛子让水流冲洗尾砂，振动过程中脸盆中水面必须低于筛子上部边缘，防止砂样溢出；当第一个圆形容器中水中砂样浓度较高时，换至第二个圆形容器中继续冲洗，直至盆中水清澈为止；将脸盆中通过筛子的砂液置于离心脱水机中脱水，得到滤饼；将 200 目筛上砂样继续重复前面操作步骤依次放入 160 目、120 目、80 目、40 目筛进行筛分冲洗；将尾砂滤饼放入 105 ℃±5 ℃烘箱中烘干至恒重。称取各筛下量，精确至 0.1 g。

② 激光粒度分析仪试验步骤

采用 TopSizer 型激光粒度分析仪(图 2-3)测定－200 目颗粒粒级分布。测试方法为将烘干的材料多点采集少许(总质量约 3 g)，放入激光粒度分析仪中的样品搅拌槽内，激活微机用户界面，启动设备，检测系统自动加水搅拌制成一定浓度的砂浆，采用超声分散，用泵将砂浆送入激光粒度分析仪的测试室，利用激光衍射原理进行测试，再由计算机进行数据处理，最后输出测试结果。

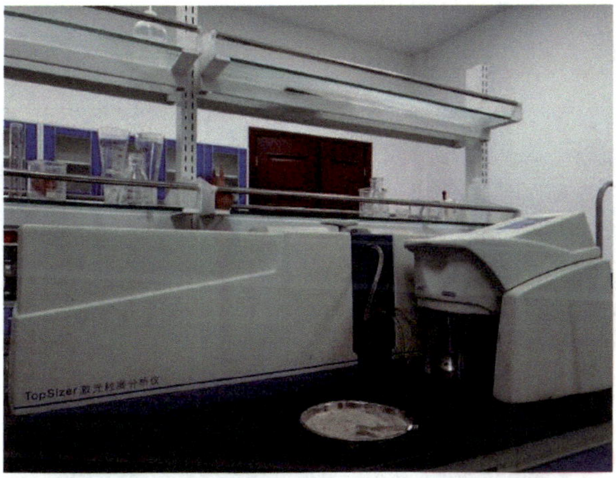

图 2-3　激光粒度分析仪

2.2.2　粗粒级煤矸石级配测试

在对煤矸石的颗粒级配进行分析时，由于煤矸石破碎颗粒的粒径较大，颗粒基本属于粗骨料，因此可选择采用试验标准筛对煤矸石颗粒级配进行分析，进而揭示其粒径分布特征。

(1) 试验仪器及设备

试验标准筛(0.2 mm、0.425 mm、1.0 mm、2.0 mm、3.0 mm、5.0 mm、6.0 mm、7.0 mm、8.0 mm、10 mm、12 mm、15 mm、16 mm、20 mm)、天平(称量 5.0 kg，要求感量 1 g)、烘箱(控温在 105 ℃±5 ℃)、盆子、铲子、毛刷、滤纸、样品袋等。

(2) 试验准备

采用标准方孔石子筛(0.075 mm、0.15 mm、0.3 mm、0.6 mm、1.18 mm、2.36 mm、4.75 mm、9.5 mm、13.2 mm、16 mm、19 mm、26.5 mm、31.5 mm、37.5 mm、53 mm、63 mm、75 mm、90 mm)将原材料采用四分法缩分至表 2-1 要求的试样所需量，风干后备用。根据需要可按要求的集料最大粒径的筛孔尺寸过筛，除去超粒径部分颗粒后，再进行筛分。

表 2-1 筛分用的试样质量

公称最大粒径/mm	75	63	37.5	31.5	26.5	19	16	9.5	4.75
试样质量/kg	≥10	≥8	≥5	≥4	≥2.5	≥2	≥1	≥1	≥0.5

（3）试验步骤

将试样分批过 2 mm 筛；将大于 2 mm 的试样按从大到小的次序，通过大于 2 mm 的各级粗筛，将留在筛上的样品分别称量记录；2 mm 筛下的样品数量过多，可用四分法缩分至 100～800 g，将试样按从大到小的次序通过小于 2 mm 的各级细筛；由最大孔径的筛开始，顺序将各筛取下，在白纸上用手轻叩摇晃，至每分钟筛下数量不大于改级筛余质量的 1% 为止；漏下的样品应全部放入下一级筛内，并将留在各筛上的样品用毛刷刷净，分别称量。

2.2.3 煤基固废材料元素赋存形态测试

采用 ICP-MS 测试煤基固废材料中 As、Cr、Cd、Ni、Co 和 Cu 等元素的赋存形态，具体操作流程及方法如图 2-4 和表 2-2 所示。

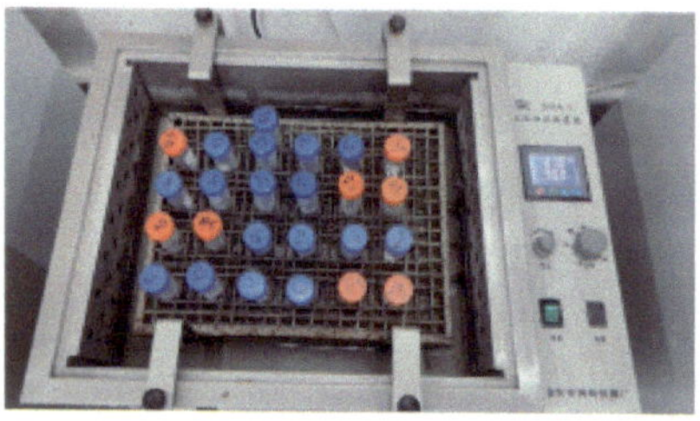

(a)

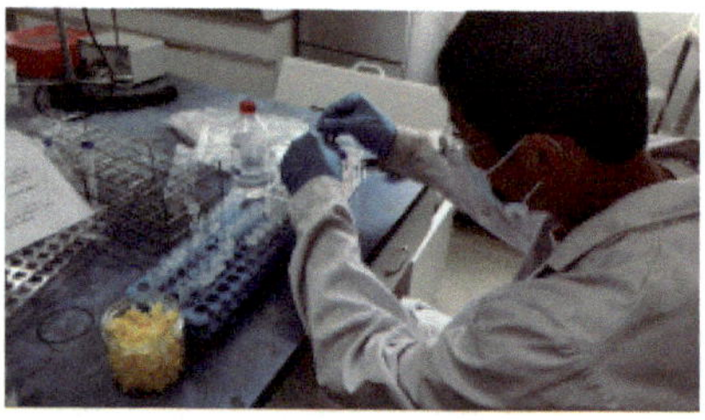

(b)

(c)

图 2-4 提取元素赋存形态

表 2-2 改进的 BCR 连续提取流程

步骤	形态	提取剂和提取条件
F1	弱酸提取态	0.11 mol/L CH_3COOH，22 ℃±5 ℃振荡 16 h
F2	可还原态	0.5 mol/L NH_2OH 和 HCl，22 ℃±5 ℃振荡 16 h
F3	可氧化态	H_2O_2，85 ℃±5 ℃水浴消化 1 h；H_2O_2，85 ℃±5 ℃水浴消化近干；1 mol/L CH_3COONH_4，22 ℃±5 ℃振荡 16 h
F4	残渣态	消解后测定

2.2.4 测试结果与分析

（1）煤基固废材料颗粒级配分布特征

煤矸石、粉煤灰、脱硫石膏、气化渣、炉底渣五种固废的粒径分布和级配分析见表 2-3，分布特征如图 2-5 所示。

表 2-3 五种煤基固废粒径分布及级配分析

分类	$d_{10}/\mu m$	$d_{30}/\mu m$	$d_{50}/\mu m$	$d_{60}/\mu m$	$d_{90}/\mu m$	不均匀系数 C_u	曲率系数 C_c	级配状态
气化渣	74.66	199.46	307.99	365.58	650.33	4.90	1.46	级配不良
粉煤灰	3.50	8.59	17.53	27.08	123.72	7.74	0.78	级配不良
煤矸石	粒径分布趋于正态分布							级配良好
炉底渣	58.78	156.72	221.24	255.88	432.21	4.35	1.63	级配不良
脱硫石膏	5.35	16.78	32.33	40.01	75.41	7.48	1.32	级配良好

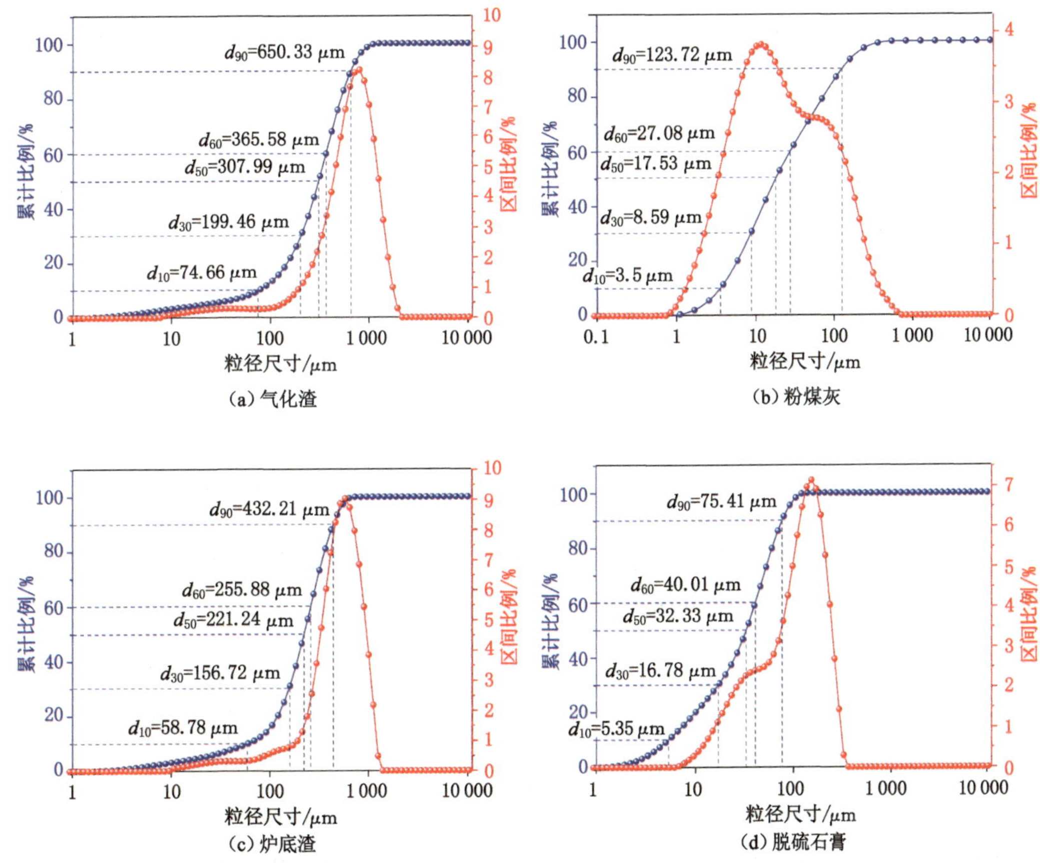

(a) 气化渣　(b) 粉煤灰　(c) 炉底渣　(d) 脱硫石膏

图 2-5 五种煤基固废粒径分布

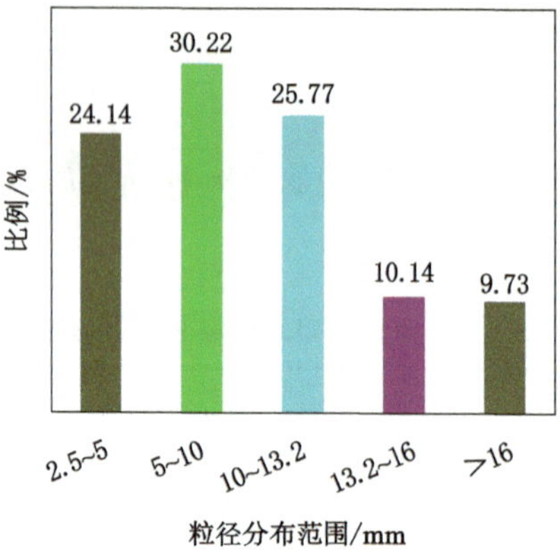

(e) 煤矸石

图 2-5(续)

结合表 2-3 和图 2-5 的测试结果,可以对原材料的颗粒级配分布特征进行系统的分析,具体如下。

① 煤矸石:煤矸石可作为主要充填骨料。原始矸石质硬,外表呈灰黑色,干燥无水分。原始矸石块度大,在实验室内采用颚式破碎机进行了粗碎,粗碎后的矸石粒径基本小于 15 mm;采用分级筛进行筛分并称重,得到粗碎矸石不同粒径区间质量占比,如表 2-4 所示。

表 2-4　粗碎矸石不同粒径区间质量占比

粒径区间/mm	0～2.5	2.5～5	5～8	8～15
质量比例/%	45.86	13.38	26.34	14.12

② 粉煤灰:由图 2-5 可知,试验用粉煤灰的粒径范围为 0.3～300 μm 之间,其中体积占比最大的粒径为 150 μm 左右,约占总体积的 4.4%,粒径小于 150 μm 的粉煤灰颗粒体积占比为 80%以上。

③ 气化渣:气化渣的粒度分布曲线呈双峰形态,粒径分布区间为 0.3～1 000 μm,粒径区间约为 10～20 μm 的气化渣颗粒体积占比最大,约为 2.5%,其次为粒径区间 100～200 μm,约占总体积的 2.3%,粒径小于 200 μm 的气化渣颗粒累计体积占比超过 85%。

④ 脱硫石膏:脱硫石膏外观呈暗黄色,含水率小于 5%,块状,用手可轻轻捏碎,与水搅拌能较好地溶于水。脱硫石膏微观颗粒呈现较为规则的块状特征,棱角分明。脱硫石膏粒径范围在 20～2 000 μm 之间,其中粒径约为 600 μm 的颗粒体积占比最大,约占总体积的 4.2%,粒径小于 600 μm 的脱硫石膏颗粒体积占比为 65%左右。

⑤ 炉底渣:炉底渣呈块状和颗粒状,质地较硬,块体存在较多孔隙,通过筛网筛除较大块体,保留粒径 2.5 mm 以下的颗粒作为试验材料。

⑥ 水泥:水泥为普通硅酸盐水泥,取自安徽淮南某水泥厂,标号为 P.O.32.5,粉末状固体,外表呈浅灰色,堆积密度为 1.35 g/cm^3,平均粒径为 50 μm,比表面积约为 650 m^2/kg。

(2) 煤基固废材料微量元素赋存形态特征

图 2-6 表征了 As、Cr、Ni 三种重金属元素的赋存形态特征。由图 2-6 可以看出:对于改

进的 BCR 连续提取法，重金属元素的流动性与生物可利用性的大小顺序为：弱酸提取态＞可还原态＞可氧化态＞残渣态。As、Cr 元素以残渣态为主，弱酸提取态占比几乎为零；Ni 元素在煤矸石和气化渣中以可氧化态为主，在粉煤灰、脱硫石膏和炉底渣中则以残渣态为主。

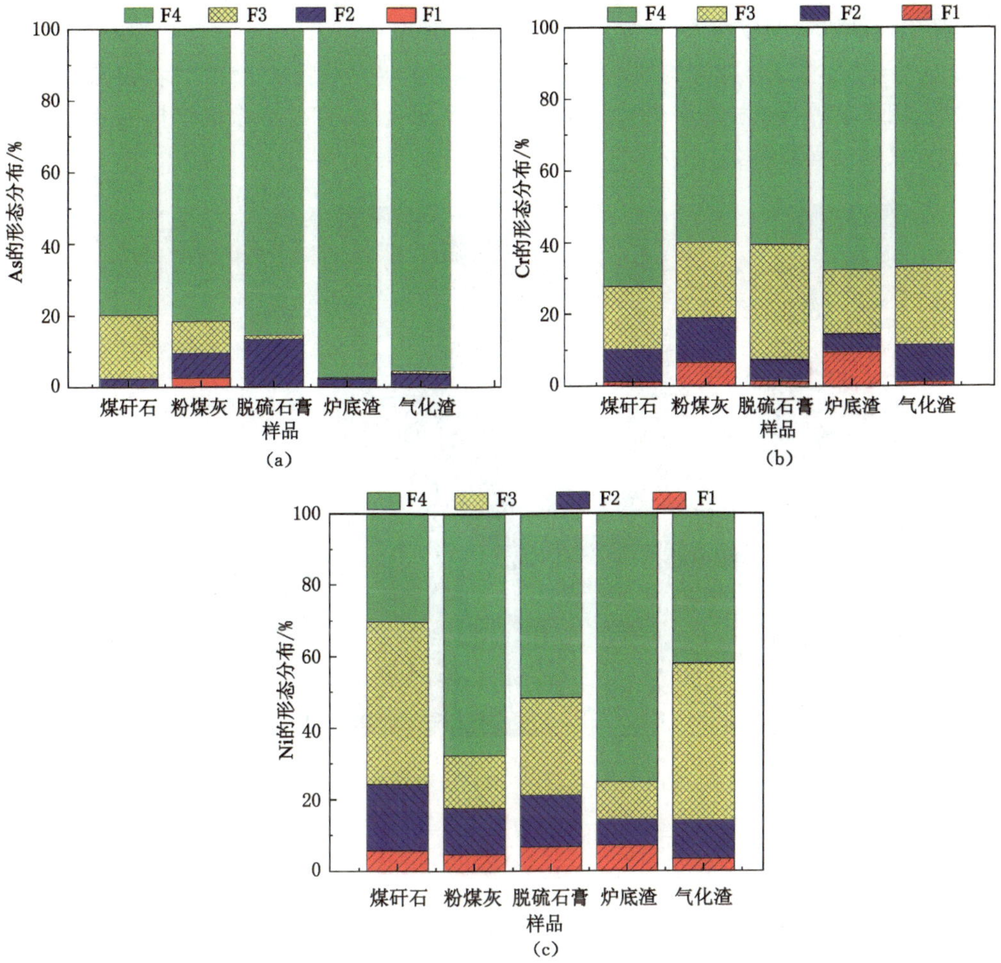

图 2-6　As、Cr、Ni 三种重金属元素的流动性与生物可利用性

2.3　煤基固废材料的化学性质及微观形态

2.3.1　XRD 矿物组成测试

XRD 即 X-ray diffraction（X 射线衍射）的缩写，用于分析物料粉末衍射图谱，获得材料的成分、材料内部原子或分子的结构或形态等信息，确定晶体的原子和分子结构。其中，晶体结构导致入射 X 射线束衍射到许多特定方向。通过测量这些衍射光束的角度和强度，可以获得晶体内电子密度的三维图像。根据该电子密度，可以确定晶体中原子的平均位置，以及它们的化学键和各种其他信息，这是确定物料矿物组成的最常用方法。

① 主要仪器设备：试验设备型号为 Smartlab SE，X 射线衍射在地矿、材料、化学等领域应用广泛，能够分析材料物相和晶体结构，采用 Cu 靶进行技术指标分析。

② 试验准备：采用四分法对煤矸石、粉煤灰、脱硫石膏等样品进行取样（10 g），在温度为 105 ℃±5 ℃的烘箱中烘干至恒重，取出并冷却至室温，将块状的煤矸石、粉煤灰、脱硫石膏等样品用研磨机研磨成粉末，分成大致相等的两份备用。

③ 试验步骤：将试样搅拌均匀，用小勺取试样均匀放在载物片上，在试样覆盖并超出中心面积后，用盖玻片将试样压平，使试样处在同一水平面上，并将多余的试样沿片口向边缘方向刮平，试验过程如图 2-7 所示。

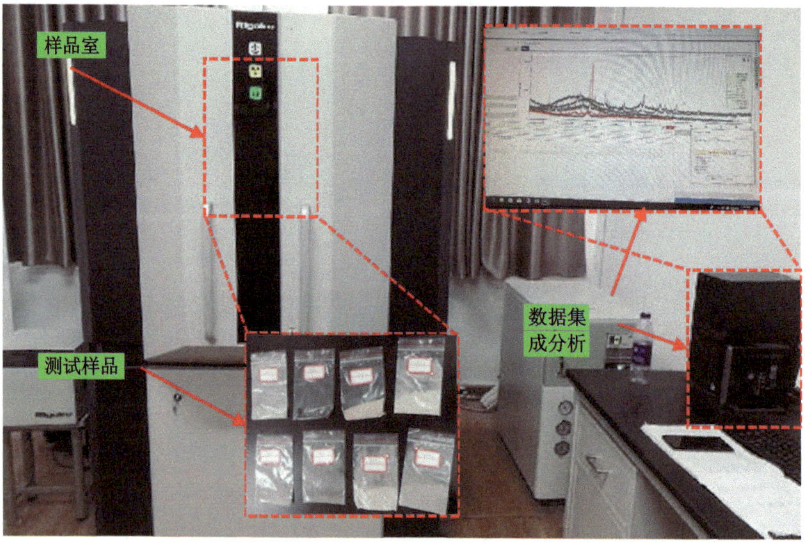

图 2-7　XRD 矿物分析测试过程

2.3.2　XRF 元素测试

XRF，即 X 射线荧光光谱分析（X-ray fluorescence）。X 射线管产生入射 X 射线（一次 X 射线）激发被测样品。受激发的样品中的每一种元素会放射出二次 X 射线，并且不同的元素所放射出的二次 X 射线具有特定的能量特性或波长特性。探测系统测量这些放射出来的二次 X 射线的能量及数量。然后，仪器软件将探测系统所收集到的信息转换成样品中各种元素的种类及含量。

① 主要仪器设备：XRF-SHIMADZU-EDX8000 分析仪、烘箱、研磨机、小勺、载物瓶、金箔薄纸片等。

② 试验准备：采用四分法对煤矸石、粉煤灰、脱硫石膏等样品进行取样（10 g），在温度为 105 ℃±5 ℃的烘箱中烘干至恒重，取出并冷却至室温，将块状的煤矸石、粉煤灰、脱硫石膏等样品用研磨机研磨成粉末，分成大致相等的两份备用。

③ 试验步骤：将试样搅拌均匀，用小勺取试样均匀放在载物瓶中，试样必须覆盖瓶底，再用金箔薄纸片套紧瓶口，最后扎 3～4 个孔，用来抽取载物瓶里的空气。样品放置好后开始检测，测试过程如图 2-8 所示。

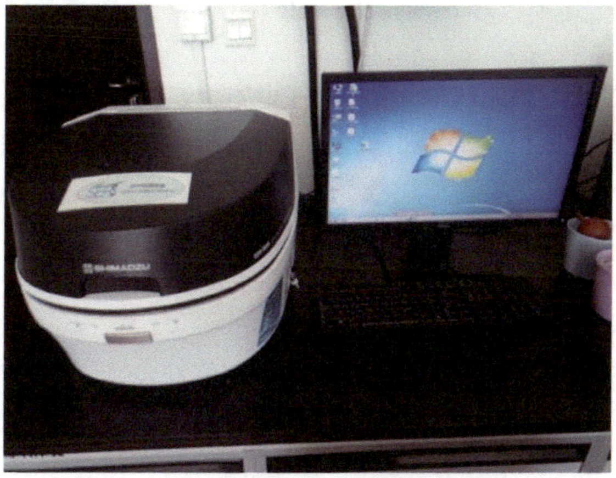

图 2-8 XRF 元素测试过程

2.3.3 材料微观形态测试

微观电镜扫描试验采用的仪器为日立公司生产的 FlexSEM1000 试验系统，所用 SEM 电镜显微系统主要包括主机、操作显示窗口、数据集成分析模块、目标搜索控制器、喷金设备等。该试验系统可以对干燥的粉末和固体样品进行分析，放大倍数在 55～300 000 之间，可以对多种粉末或固体材料进行形貌观察和分析研究，测试系统主要部件如图 2-9 所示。

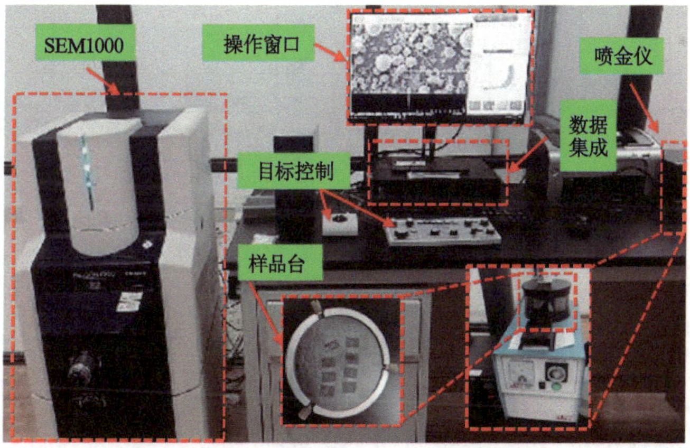

图 2-9 SEM 电镜显微系统

基于实验室的微观电镜扫描设备，可以对煤基固废材料的微观形态进行测试分析，其试验测试流程如下：

① 在样品台上贴上适当大小的导电胶片，取少许粉末状的煤矸石、粉煤灰、脱硫石膏、气化渣、炉底渣、水泥分别放置于不同的导电胶片上，并进行编号标记。

② 将制备好的样品放置于 SUPER CT-200 喷金器皿中，关闭上盖，打开 MSP-2S 开关，控制喷金时间为 1.5 min 左右为宜，喷金结束后取出样品。

③ 将样品台放置于仪器专用样品架中,并保持样品顶部位置略低于样品台固定架顶端边缘位置。

④ 打开 SEM 仪器及其控制软件,点击软件中 air 按钮使空气进入 SEM 仪器,进行卸压处理,待其内部压力与周围环境一致时,缓慢拉出样品舱,将样品送入样品舱。

⑤ 进行软件控制设置,并将样品舱缓慢推入,并按仪器旁边 air/vaccum 按钮,待感觉样品舱明显被吸入后松手,等待真空完成开始测试。

⑥ 通过目标控制器找到所需观测的样品,调整放大倍数、亮度、对比度并对焦细调,然后进行拍照,记录数据。

⑦ 待样品观测完成后,关闭 SEM 仪器及其控制软件。

2.2.4 测试结果及分析

(1) XRD 衍射图谱分析

采用 X 射线衍射技术对煤基材料进行了物质成分分析,测试结果如图 2-10 所示。由图 2-10 可知,不同角度出现的衍射峰清晰、不杂乱,说明原材料样品中无定形物质含量较少。

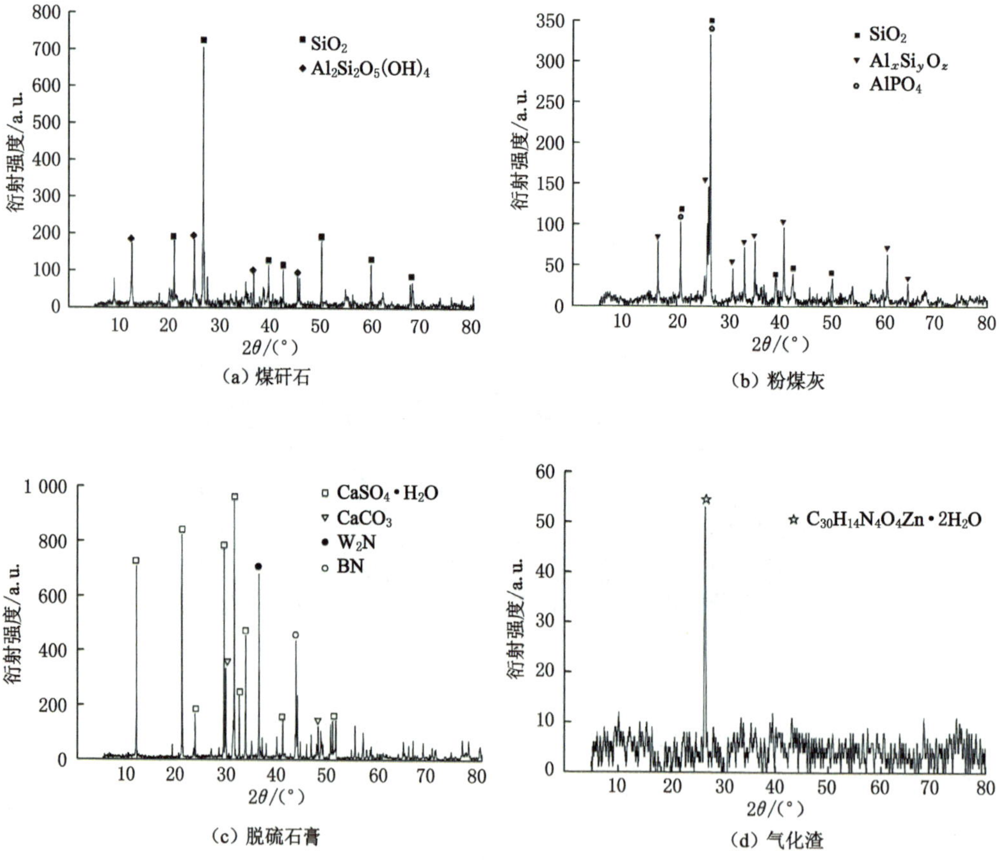

图 2-10 煤基材料成分

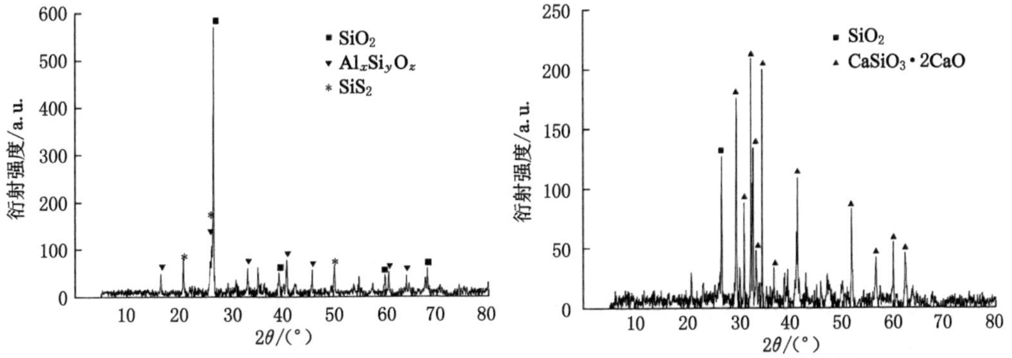

(e) 炉底渣　　(f) 硅酸盐水泥

图 2-10(续)

根据 XRD 对试验材料的微观物理形态测试结果，从微观物理结构形态上分析，组成充填材料的 5 种试验材料分别具有以下特征：

煤矸石样品衍射图谱中 20°～30°之间出现最大的衍射峰，说明煤矸石中晶体矿物成分主要是 SiO_2，还有少量的 $Al_2Si_2O_5(OH)_4$。

粉煤灰样品衍射图谱中 20°～30°之间出现最大的衍射峰，说明粉煤灰中晶体矿物成分主要是 SiO_2，还有少量的 $Al_xSi_yO_z$ 化合物和 $AlPO_4$。

脱硫石膏样品衍射图谱中 10°～50°之间出现较多的衍射峰，说明脱硫石膏样品中晶体矿物成分主要是 $CaSO_4 \cdot H_2O$ 和 $CaCO_3$，其他成分含量较少。

气化渣样品衍射图谱中 20°～30°之间出现最大的衍射峰，说明气化渣样品中晶体矿物成分单一，主要晶体矿物成分为 $C_{30}H_{14}N_4O_4Zn \cdot 2H_2O$。

从炉底渣样品衍射图谱中可以看出，炉底渣样品中主要晶体矿物成分为 SiO_2和 $Al_xSi_yO_z$ 化合物，其他晶体矿物有少量的 SiS_2。

粉煤灰的化学活性较低，而粉煤灰中微活性的 SiO_2、$Al_xSi_yO_z$ 会与水泥水化的产物 $Ca(OH)_2$ 发生反应，生成的水化产物有钙矾石、水化硅酸钙凝胶和水化铝酸钙凝胶等。

(2) XRF 物质成分表征

采用 XRF 对物料的物质成分进行分析，其测试结果如表 2-5 所示。此外，为更加直观地分析物料组成成分，绘制物料成分图，如图 2-11 所示。

表 2-5　五种煤基固废材料物质组成特征

类别	煤矸石	粉煤灰	脱硫石膏	炉底渣	气化渣
SiO_2	58.84	44.29	3.34	53.67	41.87
Al_2O_3	30.55	23.30	1.64	25.93	15.98
Fe_2O_3	3.20	5.04	0.36	7.19	22.02
TiO_2	2.06	1.74	0.05	1.42	1.54
K_2O	1.51	1.79	0.04	2.33	0.04

表 2-5(续)

类别	煤矸石	粉煤灰	脱硫石膏	炉底渣	气化渣
SO_3	1.39	1.78	88.66	1.59	16.51
CaO	1.21	18.70	4.30	5.22	0.04
Na_2O	0.44	0.91		1.14	

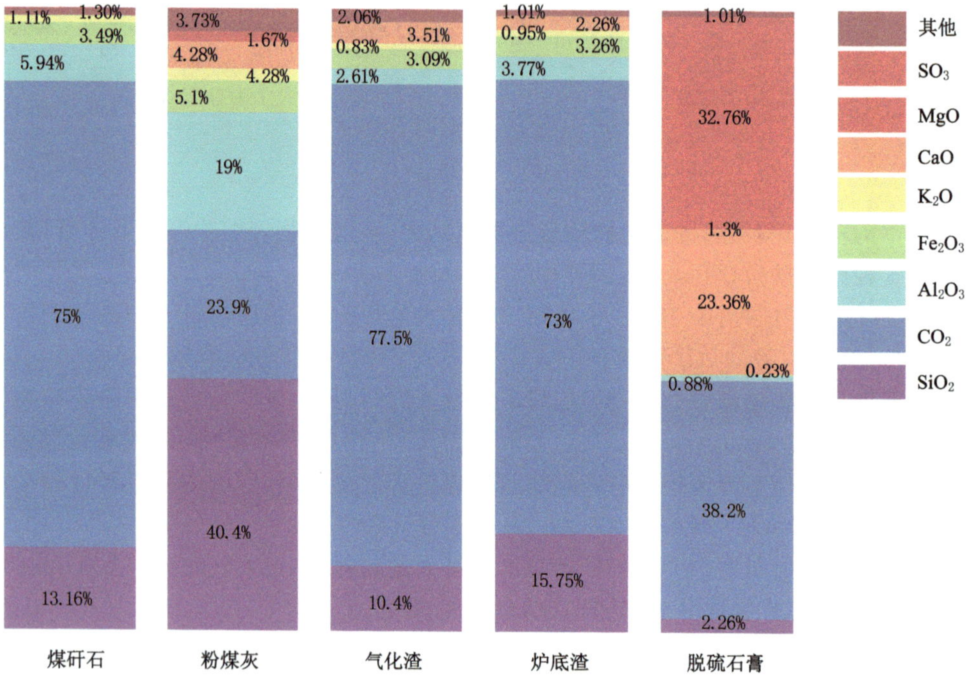

图 2-11　五种煤基固废材料组成成分比例

由表 2-5 及图 2-11 的测试结果可知，煤基固废材料的物质组成及相应的分布比例如下：

① 煤矸石：煤矸石可作为主要充填骨料。煤矸石的化学成分主要有 CO_2、SiO_2、Al_2O_3 等，主要矿物为石英和高岭石，含有少量的氧化镁等矿物。

② 粉煤灰：粉煤灰外观呈灰白色，粉末状，烧失量在 1%左右，含水率小于 0.5%。粉煤灰主要化学成分为 CO_2、SiO_2、Al_2O_3、Fe_2O_3、CaO 等，矿物成分为石英和莫来石(Mullite)，掺杂少量的赤铁矿(Hematite)等矿物。粉煤灰微观颗粒主要呈大小不一的球状，球体颗粒表面较为光滑。

③ 气化渣：气化渣外观呈黑色，颗粒状，含水率约为 5%，其主要化学成分为 CO_2、SiO_2、Al_2O_3、Fe_2O_3、CaO 等，矿物成分以石英为主。

④ 脱硫石膏：脱硫石膏外观呈暗黄色，含水率小于 5%，块状，用手可轻轻捏碎，与水搅拌能较好地溶于水。脱硫石膏主要化学成分为 CO_2、SiO_3、CaO 等，矿物成分为二水石膏。脱硫石膏微观颗粒呈现较为规则的块状特征，棱角分明。

⑤ 炉底渣：炉底渣呈块状和颗粒状，质地较硬，块体存在较多孔隙，通过筛网筛除较大块体，保留粒径 2.5 mm 以下的颗粒作为试验材料。炉底渣主要化学成分为 CO_2、SiO_2、Al_2O_3、Fe_2O_3、CaO 等，其矿物成分与粉煤灰基本一致，均为石英和莫来石(Mullite)。

(3) 材料微观形态分布特征

针对煤基材料颗粒形态对充填料浆泌水性及流动性影响，采用 SEM 对煤基材料进行微观形态分析，测试结果如图 2-12 所示。

图 2-12 煤基材料微观颗粒状态

结合图 2-12，根据 SEM 对试验材料的微观形态测试结果，从微观物理结构形态上分析，组成充填材料的 6 种试验材料分别具有以下特征。

煤矸石微观形态呈现块状、片状等不规则形态，这种不规则的形态在静置的条件下较为稳定。在养护的初期试件具有的强度大部分由矸石大颗粒结构形态决定，而在养护的后期，水化生成的结晶物及凝胶物质依附在矸石等大颗粒形成的孔隙中，使混合物之间的联系更加密切，配合矸石这种大颗粒的形态结构更易发挥充填体试件的抗压强度。

粉煤灰微观形态较为规整，基本呈现球状颗粒形态，这种稳定的球状颗粒有利于自身的流动，更易于穿过大颗粒之间的孔隙，从而更易使水泥水化的产物与其发生反应。

脱硫石膏的微观形态呈现大小不规则的棱形块状，且其颗粒粒径大小适中、均匀，这种适中的颗粒使混合物的颗粒组成更加合理。

气化渣的微观形态不统一，表面粗糙、不规整，这种粗糙的表面增大了其比表面积，更有利于水化生成的凝胶等物质附着在其粗糙的表面，使混合物颗粒之间的黏结更加紧密，从而可以提高试件的强度。

炉底渣的微观形态呈现不规则的块状，表面烧结后的痕迹明显，微观表面光滑带有细微的小孔，这些细微的小孔有利于游离态的水进入，在水化反应进行的中后期有利于水化的继续进行，从而使后期的水化进程仍在继续，有利于提高试件的强度。

水泥的微观形态呈不规则的块状，颗粒粒径偏小、表面粗糙，微小的颗粒会更快地进入大颗粒之间的孔隙中，在搅拌的过程中易与其他物料充分混合，从而使水化形成的 $Ca(OH)_2$ 更容易与其他成分发生化学反应，生成钙矾石等结晶物，使试件的强度增加。

2.4 多源煤基固废材料重金属浸出特征

采用多源煤基固废材料制备注浆材料时，有必要对煤基固废材料开展重金属浸出测试，分析重金属的浸出情况，进而确保不会对地下水产生污染。

2.4.1 重金属浸出风险评价

结合室内重金属测试试验，得到煤基固废中潜在有毒元素的污染指数和风险评价指数，如图 2-13 所示。根据重金属数量、强度、毒性和稳定性对重金属浸出液进行总体污染毒性指数评价。污染指数显示，各种煤基固废总体上处于低风险。风险评价指数显示，As、Cr、Ni 和 Cu 在煤基固废中均表现出低风险或无风险。

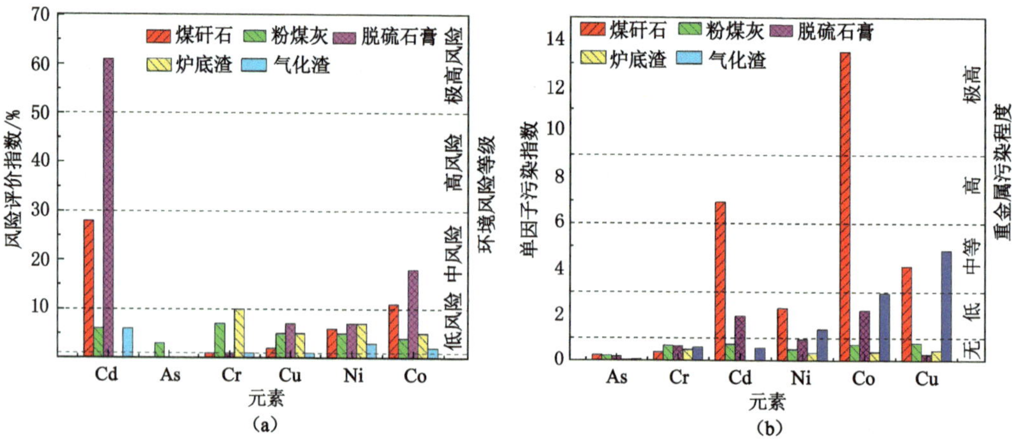

图 2-13 煤基固废中潜在有毒元素的污染指数和风险评价指数

此外，RAC 评价指数能够表征重金属风险等级，而 RSP 评价指数能够表征重金属污染等级。图 2-14 为煤基固废重金属评估结果。由图 2-14(a)可看出，RAC-As 评价指数为 59.91%，为极高风险；RAC-Ni 评价指数为 33.8%，为高风险；Cd 和 Cu 的 RAC 评价指数在 10%～30%之间，为中等风险；Cr 的 RAC 评价指数小于 10%，为低风险；Pb 的 RAC 评价指数小于 1%，为无风险。6 种重金属元素生态风险程度大小顺序为 As>Ni>Cd>Cu>Cr>Pb。由图 2-14(b)可看出，RSP-As 评价指数为 1.51，为轻度污染，Pb、Cr、Ni、Cu、Cd 5 种元素的 RSP 评价指数均小于 1，为无风险，6 种重金属元素生态污染程度大小顺序为 As>Cu>Ni>Cd>Cr>Pb。6 种重金属元素 RI 值处于 Ⅰ 级，为轻微生态危害水平。

2.4.2 重金属绿色淋洗剂筛选

将淋洗剂分为有机酸与螯合剂两组分别进行讨论，有机酸组淋洗剂为酒石酸、草酸和柠

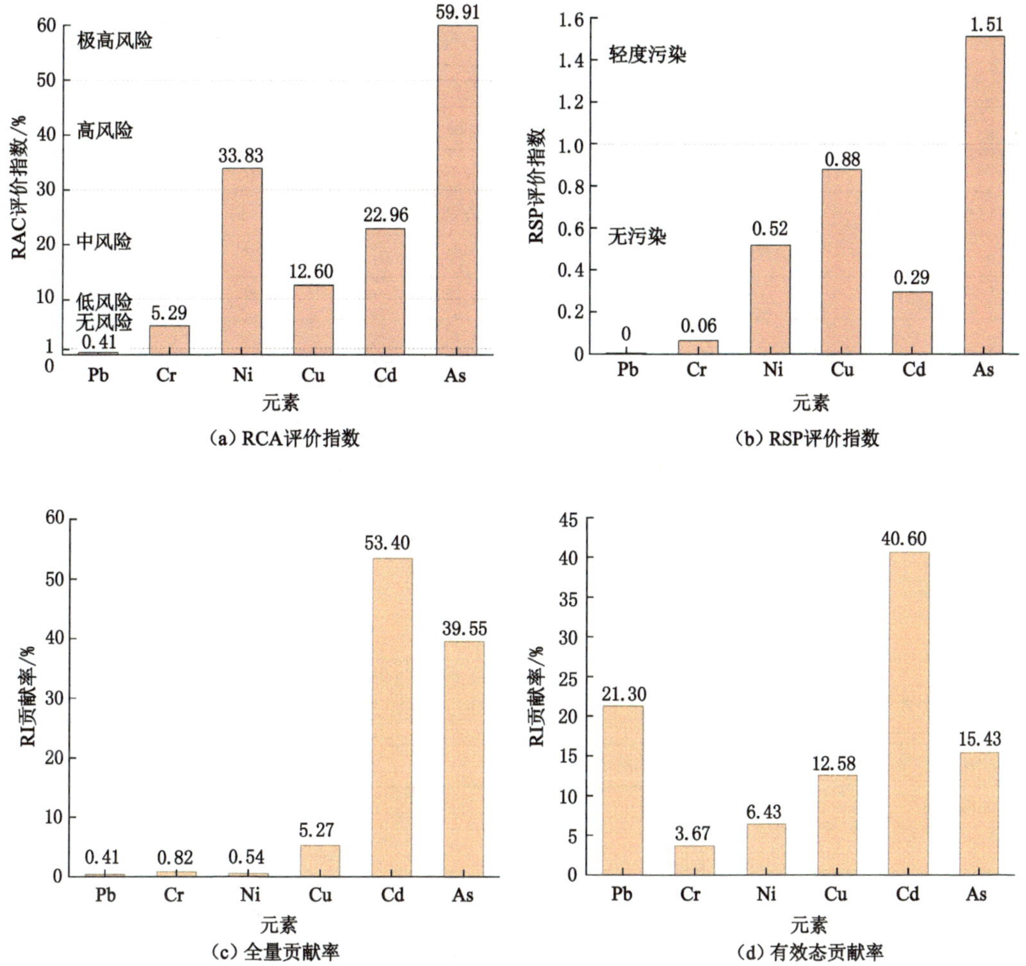

图 2-14 煤基固废重金属风险评估结果

檬酸，螯合剂组淋洗剂为乙二胺二琥珀酸（EDDS）、次氮基三乙酸（NTA）和聚天冬氨酸（PASP）。本节分别在两组不同淋洗剂条件下分析讨论了淋洗剂、固液比和淋洗剂浓度对粉煤灰中重金属（Cr、Cd、As、Pb 和 Cu）的去除效果影响，为粉煤灰的处置与资源化利用提供科学依据。

（1）有机酸淋洗

将各个重金属的去除率作为正交试验的结果进行分析，结果如表 2-6 所示。同时，绘制金属元素去除率与水平因素的变化关系图，如图 2-15 所示。分析表 2-6 及图 2-15，根据各个影响因素的极差分析可知，淋洗剂种类、淋洗剂浓度和固液比对于粉煤灰中 Cr 的去除率影响程度大小顺序为：固液比＞淋洗剂浓度＞淋洗剂种类；根据各个影响因素不同水平均值分析粉煤灰中 Cr 的去除率可知，A1 比 A2 和 A3 要高，B3 比 B1 和 B2 要高，C3 比 C1 和 C2 要高，在使用 0.2 mol/L 的草酸、固液比 1∶20 条件下 Cr 的去除率最高，为 10.99%。

表 2-6 有机酸淋洗粉煤灰试验结果及直观分析结果

序号	A 淋洗剂种类	B 淋洗剂浓度 /(mol/L)	C 固液比	有机酸淋洗粉煤灰试验结果(去除率/%)				
				Cr	As	Cd	Pb	Cu
1	1(酒石酸)	1(0.05)	1(1∶10)	7.56	27.82	3.31	0.06	11.91
2	1(酒石酸)	2(0.1)	3(1∶20)	10.20	47.10	4.55	0.10	17.33
3	1(酒石酸)	3(0.2)	2(1∶15)	10.28	54.76	3.93	0.15	13.96
4	2(草酸)	1(0.05)	2(1∶15)	7.46	27.06	1.85	0.03	14.15
5	2(草酸)	2(0.1)	1(1∶10)	7.43	26.16	1.76	0.02	12.22
6	2(草酸)	3(0.2)	3(1∶20)	10.99	47.63	2.76	0.03	17.14
7	3(柠檬酸)	1(0.05)	3(1∶20)	9.17	39.55	3.83	0.23	12.64
8	3(柠檬酸)	2(0.1)	2(1∶15)	9.05	46.11	4.51	0.46	12.11
9	3(柠檬酸)	3(0.2)	1(1∶10)	7.11	45.74	3.62	0.36	9.19

均值及极差分析

K、R 值	Cr	As	Cd	Pb	Cu
A 淋洗剂种类					
K_{A1}	9.35	43.23	3.93	0.10	14.40
K_{A2}	8.63	33.62	2.13	0.03	14.50
K_{A3}	8.45	43.80	3.98	0.35	11.32
R_A	0.90	10.18	1.85	0.32	3.19
B 淋洗剂浓度					
K_{B1}	8.06	31.48	2.99	0.10	12.90
K_{B2}	8.90	39.79	3.61	0.20	13.89
K_{B3}	9.46	49.37	3.44	0.18	13.43
R_B	1.40	17.90	0.61	0.09	0.98
C 固液比					
K_{C1}	4.89	24.52	2.31	0.14	7.03
K_{C2}	8.93	42.64	3.43	0.21	13.41
K_{C3}	10.12	44.76	3.72	0.12	15.70
R_C	5.23	20.24	1.41	0.07	8.67

根据各个影响因素的极差分析可知，淋洗剂种类、淋洗剂浓度和固液比对于粉煤灰中As的去除率影响程度大小顺序为：固液比＞淋洗剂浓度＞淋洗剂种类；根据各个影响因素不同水平均值分析粉煤灰中As的去除率可知，A3比A1和A2要高，B3比B1和B2要高，C3比C1和C2要高，在使用0.2 mol/L的酒石酸、固液比1∶15条件下As的去除率最高，为54.76%。

根据各个影响因素的极差分析可知，淋洗剂种类、淋洗剂浓度和固液比对于粉煤灰中Cd的去除率影响程度大小顺序为：淋洗剂种类＞固液比＞淋洗剂浓度；根据各个影响因素不同水平均值分析粉煤灰中Cd的去除率可知，A3比A2和A1要高，B2比B1和B3要高，C3比C1

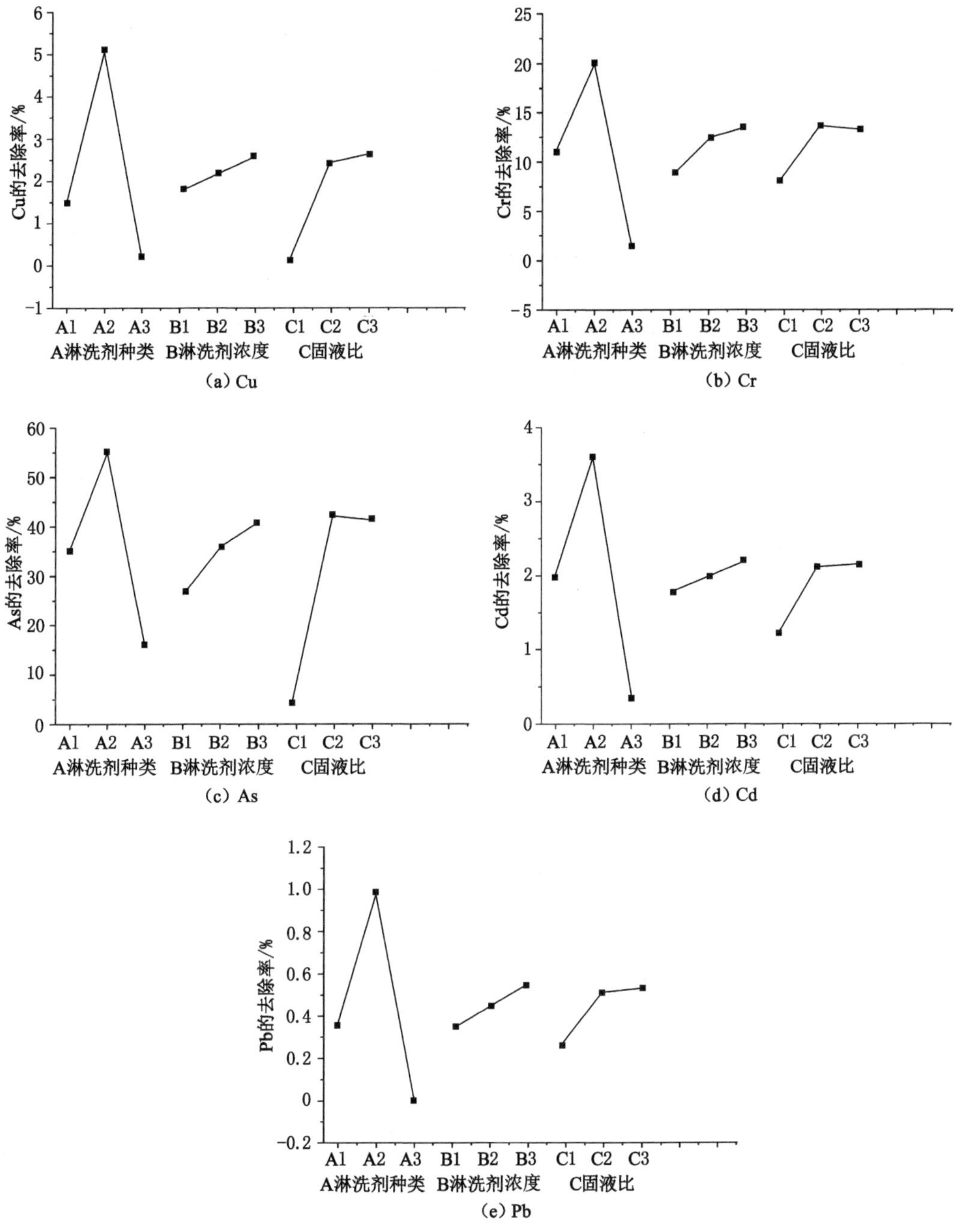

图 2-15 有机酸淋洗结果

和 C2 要高，在使用 0.1 mol/L 的酒石酸、固液比 1∶20 条件下 Cd 的去除率最高，为 4.55%。

根据各个影响因素的极差分析可知，淋洗剂种类、淋洗剂浓度和固液比对于粉煤灰中 Pb 的去除率影响程度大小顺序为：淋洗剂种类＞淋洗剂浓度＞固液比；根据各个影响因素不同水平均值分析粉煤灰中 Pb 的去除率可知，A3 比 A2 和 A1 要高，B2 比 B1 和 B3 要高，C2 比 C1 和 C3 要高，在使用 0.1 mol/L 的柠檬酸、固液比 1∶15 条件下 Pb 的去除率最高，为 0.46%。

根据各个影响因素的极差分析可知，淋洗剂种类、淋洗剂浓度和固液比对于粉煤灰中 Cu 的去除率影响程度大小顺序为：固液比＞淋洗剂种类＞淋洗剂浓度；根据各个影响因素不同水平均值分析粉煤灰中 Cu 的去除率可知：A2 比 A1 和 A3 要高，B2 比 B1 和 B3 要高，C3 比 C1 和 C2 要高，在使用 0.1 mol/L 的酒石酸、固液比 1∶20 条件下 Cu 的去除率最高，为 17.33%。

(2) 螯合剂淋洗

将各个重金属的去除率作为正交试验的结果进行分析，结果如表 2-7 所示。同时，绘制金属元素去除率与水平因素的变化关系图，如图 2-16 所示。

表 2-7 螯合剂淋洗粉煤灰试验结果及直观分析结果

序号	A 淋洗剂种类	B 淋洗剂浓度 /(mol/L)	C 固液比	螯合剂淋洗粉煤灰试验结果(去除率/%)				
				Cr	As	Cd	Pb	Cu
1	1(EDDS)	1(0.01)	1(1∶10)	3.86	4.12	1.54	0.14	0.52
2	1(EDDS)	2(0.02)	3(1∶20)	13.21	43.17	2.06	0.43	1.89
3	1(EDDS)	3(0.03)	2(1∶15)	15.23	57.82	2.36	0.50	2.08
4	2(NTA)	1(0.01)	2(1∶15)	20.43	54.74	3.45	0.93	4.84
5	2(NTA)	2(0.02)	1(1∶10)	20.34	50.49	3.44	0.88	4.80
6	2(NTA)	3(0.03)	3(1∶20)	20.41	58.20	3.71	1.08	5.61
7	3(PASP)	1(0.01)	3(1∶20)	1.92	24.73	0.40	0.02	0.22
8	3(PASP)	2(0.02)	2(1∶15)	0.57	16.27	0.32	0	0.12
9	3(PASP)	3(0.03)	1(1∶10)	0.35	10.00	0.28	0	0.09

均值及极差分析

K、R 值	Cr	As	Cd	Pb	Cu
A 淋洗剂种类					
K_{A1}	10.77	35.04	1.99	0.35	1.50
K_{A2}	20.40	54.48	3.53	0.97	5.08
K_{A3}	0.95	17.00	0.33	0.01	0.14
R_A	19.45	37.48	3.20	0.96	4.94
B 淋洗剂浓度					
K_{B1}	8.74	27.87	1.80	0.36	1.86
K_{B2}	11.38	36.64	1.94	0.44	2.27
K_{B3}	12.00	42.01	2.11	0.53	2.59
R_B	3.26	14.14	0.32	0.17	0.73
C 固液比					
K_{C1}	8.19	4.71	0.61	0.05	0.20
K_{C2}	12.08	42.94	2.04	0.48	2.35
K_{C3}	11.85	42.03	2.06	0.51	2.57
R_C	3.89	38.23	1.45	0.46	2.37

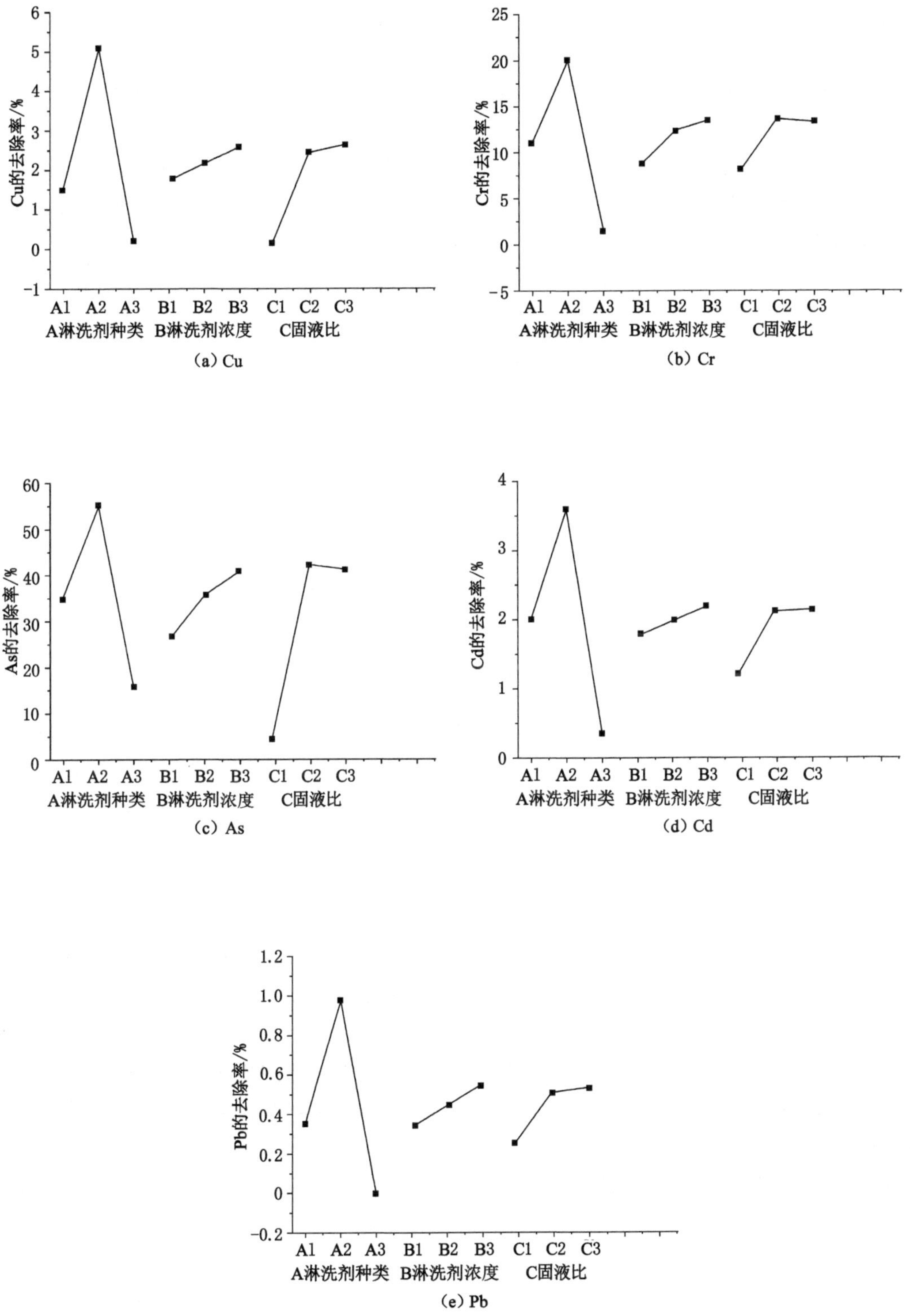

图 2-16　螯合剂淋洗结果

分析表 2-7 及图 2-16，根据各个影响因素的极差分析可知，淋洗剂种类、淋洗剂浓度和固液比对于粉煤灰中 Cr 的去除率影响程度大小顺序为：淋洗剂种类＞固液比＞淋洗剂浓度；根据各个影响因素不同水平均值分析粉煤灰中 Cr 的去除率可知，A2 比 A1 和 A3 要高，B3 比 B1 和 B2 要高，C2 比 C1 和 C3 要高，在使用 0.01 mol/L 的 NTA、固液比 1∶15 条件下 Cr 的去除率最高，为 20.43％。

根据各个影响因素的极差分析可知，淋洗剂种类、淋洗剂浓度和固液比对于粉煤灰中 As 的去除率影响程度大小顺序为：固液比＞淋洗剂种类＞淋洗剂浓度；根据各个影响因素不同水平均值分析粉煤灰中 As 的去除率可知，A2 比 A1 和 A3 要高，B3 比 B1 和 B2 要高，C2 比 C1 和 C3 要高，在使用 0.03 mol/L 的 NTA、固液比 1∶20 条件下 As 的去除率最高，为 58.20％。

根据各个影响因素的极差分析可知，淋洗剂种类、淋洗剂浓度和固液比对于粉煤灰中 Cd 的去除率影响程度大小顺序为：淋洗剂种类＞固液比＞淋洗剂浓度；根据各个影响因素不同水平均值分析粉煤灰中 Cd 的去除率可知，A2 比 A1 和 A3 要高，B3 比 B1 和 B2 要高，C3 比 C1 和 C2 要高，在使用 0.03 mol/L 的 NTA、固液比 1∶20 条件下 Cd 的去除率最高，为 3.71％。

根据各个影响因素的极差分析可知，淋洗剂种类、淋洗剂浓度和固液比对于粉煤灰中 Pb 的去除率影响程度大小顺序为：淋洗剂种类＞固液比＞淋洗剂浓度；根据各个影响因素不同水平均值分析粉煤灰中 Pb 的去除率可知，A2 比 A1 和 A3 要高，B3 比 B1 和 B2 要高，C3 比 C1 和 C2 要高，在使用 0.03 mol/L 的 NTA、固液比 1∶20 条件下 Pb 的去除率最高，为 1.08％。

根据各个影响因素的极差分析可知，淋洗剂种类、淋洗剂浓度和固液比对于粉煤灰中 Cu 的去除率影响程度大小顺序为：淋洗剂种类＞固液比＞淋洗剂浓度；根据各个影响因素不同水平均值分析粉煤灰中 Cu 的去除率可知，A2 比 A1 和 A3 要高，B3 比 B1 和 B2 要高，C3 比 C1 和 C2 要高，在使用 0.03 mol/L 的 NTA、固液比 1∶20 条件下 Cu 的去除率最高，为 5.61％。

根据均值及极差分析可以得出：NTA 对 Cr、Cu、As、Cd 和 Pb 的去除效果较好；0.03 mol/L 的淋洗剂浓度对 Cu、As、Cd 和 Pb 的去除效果较好，0.01 mol/L 的淋洗剂浓度对 Cr 的去除效果较好；1∶15 的固液比对 Cr 的去除效果较好，1∶20 的固液比对 As、Cd、Pb 和 Cu 的去除效果较好。

重金属 As、Cd、Pb 和 Cu 在固液比为 1∶20 时的去除率比固液比为 1∶15 时的高，但随着固液比的提高，重金属去除率上升幅度减慢，单位淋洗剂的去除效率明显降低，这将造成部分淋洗剂浪费。考虑实际淋洗的经济效益，采用 1∶15 的固液比作为最优淋洗固液比较合适。则粉煤灰螯合剂组最优淋洗条件为 0.03 mol/L 的 NTA 在固液比 1∶15 的条件下进行淋洗。

2.4.3 重金属浸出特性和重金属界面作用特性

由图 2-17 可知，来自宁东基地的气化渣、炉底渣、煤矸石、粉煤灰中各种金属元素浸出均不超标。下一步试验需要考虑，煤基固废注浆充填材料中重金属浸出特性。

	Sample Id	R	Acquisition Time	QC Status	Dataset File	Method File	Cd 228.802 (mg/L)	Al 396.153 (mg/L)	Fe 238.204 (mg/L)	Tl 334.940 (mg/L)	Pb 220.353 (mg/L)	As 188.979 (mg/L)	Cu 327.393 (mg/L)	Zn 206.200 (mg/L)	Cr 267.716 (mg/L)	Mn 257.610 (mg/L)	Ni 231.604 (mg/L)	Co 228.616 (mg/L)
9	Q1		2022/6/23 9:57:28		01111px	2022.6.23GE	-0.054	0.097	0.003	-0.020	-0.012	0.116	-0.072	-0.016	-0.048	-0.083	-0.101	-0.088
10	Q2		2022/6/23 9:58:18		01111px	2022.6.23GE	-0.068	0.055	-0.021	-0.034	-0.138	0.105	-0.080	-0.064	-0.054	-0.086	-0.090	-0.088
11	Q3		2022/6/23 9:59:17		01111px	2022.6.23GE	-0.069	0.111	-0.017	-0.037	-0.128	0.104	-0.080	-0.092	-0.054	-0.085	-0.094	-0.088
12	T1		2022/6/23 10:00:12		01111px	2022.6.23GE	-0.041	0.251	0.026	-0.018	-0.138	0.109	-0.080	-0.015	0.012	0.558	-0.106	-0.087
13	T2		2022/6/23 10:01:10		01111px	2022.6.23GE	-0.065	0.258	0.061	-0.022	-0.174	0.106	-0.080	-0.089	0.008	0.540	-0.104	-0.087
14	T3		2022/6/23 10:02:06		01111px	2022.6.23GE	-0.068	0.264	-0.017	-0.026	-0.192	0.106	-0.081	-0.144	0.009	0.474	-0.105	-0.087
15	F1		2022/6/23 10:03:51		01111px	2022.6.23GE	-0.062	2.676	0.013	-0.033	-0.117	0.113	-0.079	-0.086	0.712	-0.089	-0.106	-0.088
16	F2		2022/6/23 10:12:27		01111px	2022.6.23GE	-0.071	2.200	0.022	-0.035	-0.160	0.105	-0.077	-0.060	0.662	-0.089	-0.105	-0.088
17	F3		2022/6/23 10:14:02		01111px	2022.6.23GE	-0.071	2.396	0.024	-0.035	-0.158	0.107	-0.081	-0.045	0.678	-0.089	-0.104	-0.088

图 2-17　煤基固废中重金属浸出及界面作用特性分析结果

2.4.4　不同 pH 下重金属浸出规律

图 2-18 和图 2-19 为不同 pH 下煤基固废材料的重金属浸出特征。由图 2-18 可知：煤矸石中 Cd、Cr 表现出较为一致的浸出行为，在酸性最强（pH＝2）时，浸出浓度最高，由化合态转变成游离态；在 pH 为 4～12 时，均表现出较低的浸出浓度且范围较稳定。As 呈现相反的结果，在碱性最强时，浸出浓度最高。

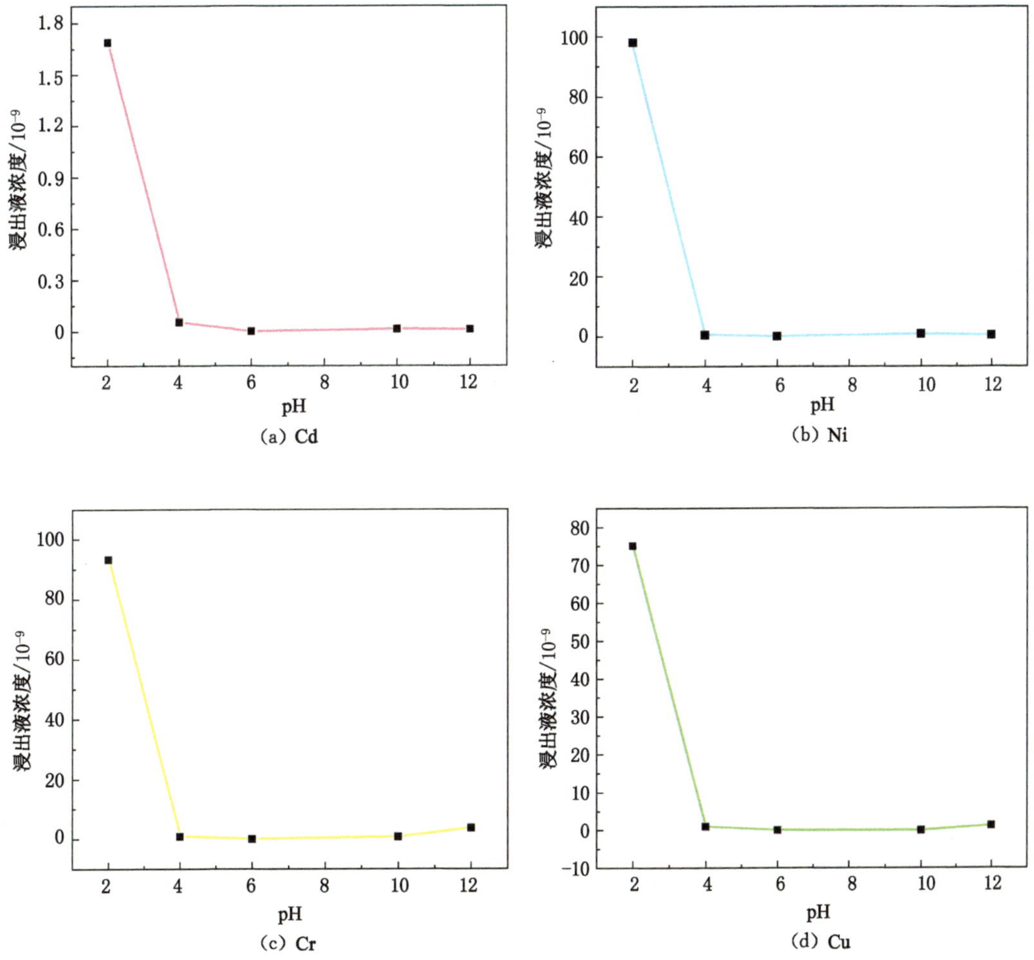

图 2-18　煤矸石在不同 pH 下重金属浸出特征

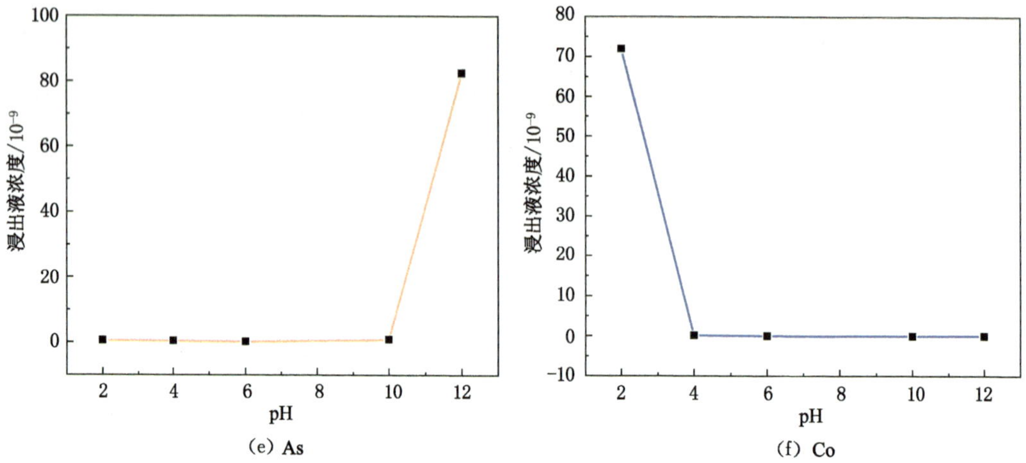

图 2-18(续)

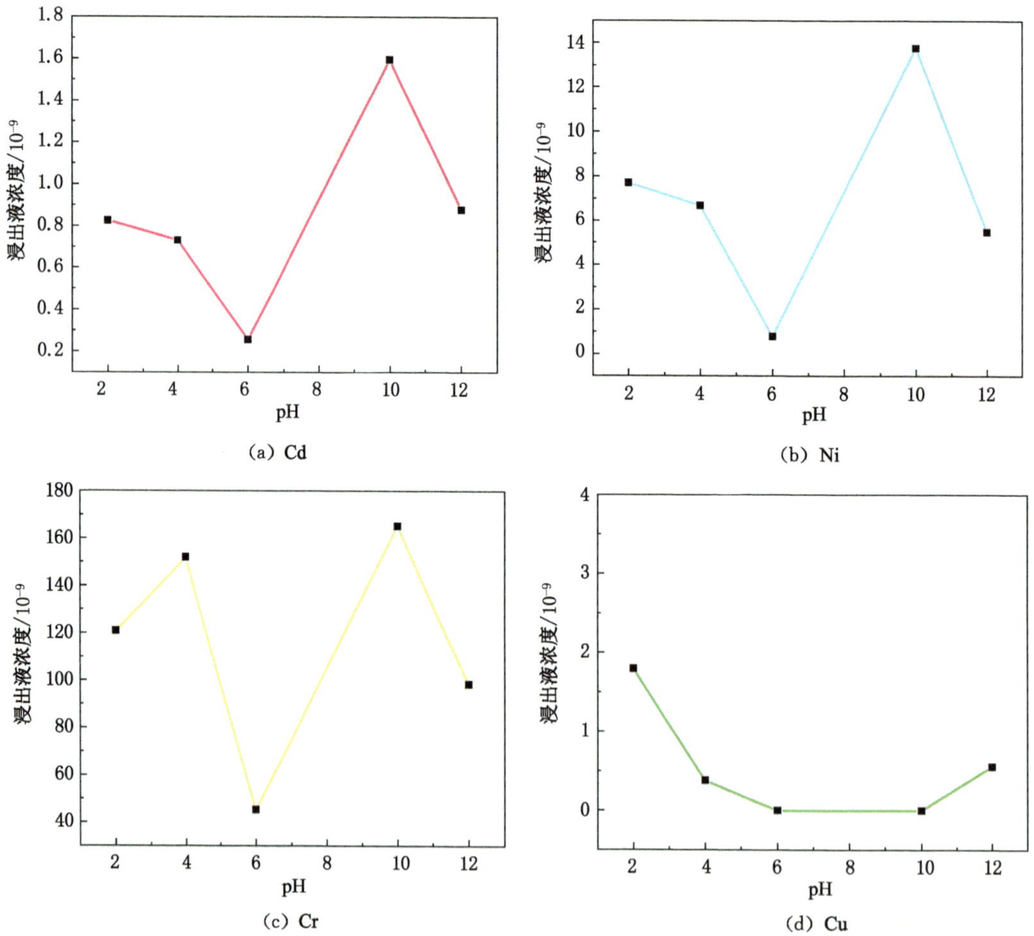

图 2-19　粉煤灰在不同 pH 下重金属浸出特征

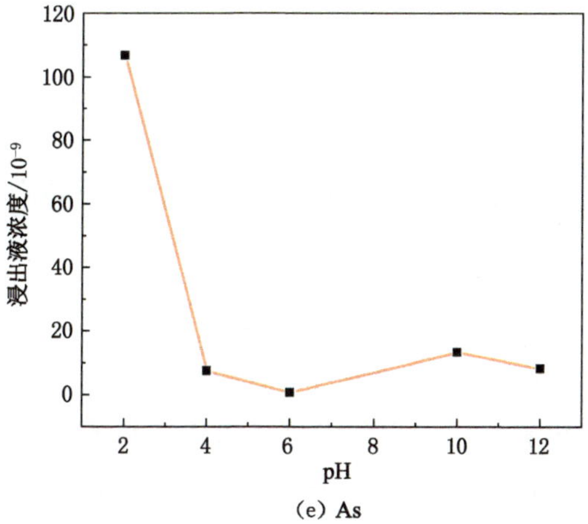

(e) As

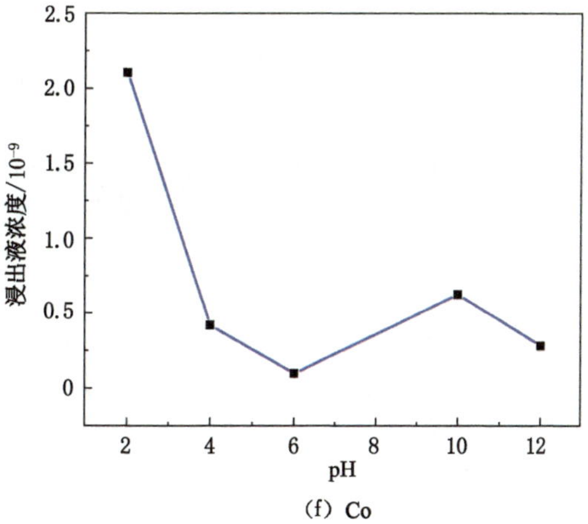

(f) Co

图 2-19(续)

由图 2-19 可知：粉煤灰中 Cd、Cr 和 Ni 的浸出行为较为一致，在酸性条件下，随着浸提液酸性的增强，浸出液浓度明显上升；在碱性条件下，当浸提液 pH=10 时，浸出液浓度均达到最高，但随着碱性的继续增强，浸出液浓度伴有降低的趋势。

3 破碎矸石瞬时压实变形及声发射响应特征

煤层开采过程中顶板岩层逐层垮落至采空区，通常采空区矸石岩性不同、形状大小不一，破碎矸石在采动应力作用下逐渐压实形成承载结构。因此，破碎矸石瞬时压实变形特性成为影响顶板运动的主要因素，直接决定着采场岩层移动特征及破碎矸石空隙的可注性。为研究破碎矸石瞬时压实变形及空隙时空演化特征，本章开展了采空区破碎矸石瞬时压实试验，分析了岩性、粒径级配、轴向压力和加载速率 4 种因素对破碎矸石瞬时压实变形及声发射响应特征的影响规律，为矿山井下采空区破碎矸石空隙注浆充填提供理论依据。

3.1 矸石材料的制备及基本特性

3.1.1 矸石材料的制备

本书研究的矸石集料以破碎小粒径为主，材料采自煤矿夹矸、石灰岩、泥岩、砂岩 4 种岩性的矸石，全书试验所用的夹矸为泥质灰岩。试验前，采用 PEX 颚式破碎机将大块煤矸石破碎，为减少不均匀样品的影响，采用孔径为 5 mm、10 mm、15 mm、20 mm、25 mm、30 mm 的方孔石子筛依次将破碎矸石筛分成 0～30 mm 的不同粒径，5 mm 为一个筛分间隔，共分为 6 种不同粒径的破碎矸石。为了消除含水率对矸石集料压缩特性的影响，将制备好的散体材料放置在 DHG-9030A 型电热干燥箱内，试验前进行烘干处理，方孔石子筛如图 3-1 所示。

(a) 5 mm (b) 10 mm (c) 15 mm

图 3-1 试验石子筛

(d) 20 mm　　(e) 25 mm　　(f) 30 mm

图 3-1(续)

制备的不同粒径破碎夹矸试验材料,如图 3-2 所示。

(a) 0~5 mm　　(b) 5~10 mm　　(c) 10~15 mm

(d) 15~20 mm　　(e) 20~25 mm　　(f) 25~30 mm

图 3-2　不同粒径的破碎夹矸试样

制备的不同粒径破碎石灰岩试验材料,如图 3-3 所示。

(a) 0~5 mm　　(b) 5~10 mm　　(c) 10~15 mm

图 3-3　不同粒径的破碎石灰岩试样

(d) 15~20 mm (e) 20~25 mm (f) 25~30 mm

图 3-3(续)

制备的不同粒径破碎泥岩试验材料,如图 3-4 所示。

(a) 0~5 mm (b) 5~10 mm (c) 10~15 mm

(d) 15~20 mm (e) 20~25 mm (f) 25~30 mm

图 3-4 不同粒径的破碎泥岩试样

制备的不同粒径的破碎砂岩试验材料,如图 3-5 所示。

(a) 0~5 mm (b) 5~10 mm (c) 10~15 mm

图 3-5 不同粒径的破碎砂岩试样

(d) 15~20 mm　(e) 20~25 mm　(f) 25~30 mm

图 3-5(续)

3.1.2 矸石材料的基础物理特性

(1) 密度

散体材料的密度主要包括质量密度和堆积密度。质量密度是指未破碎状态的材料密度,堆积密度是指散体材料堆积状态的密度。测试时首先采用量杯排水获得每块岩块的体积,然后通过电子秤逐一称量每块岩块的质量,最后计算出每块岩块的质量密度。读取量杯数据时保持平视,称量岩块时其表面干燥无水分,此处矸石散体材料的试验值均为平均值,计算公式为:

$$\rho_{\mathrm{d}} = \frac{1}{n}\sum_{i=1}^{n}\rho_i = \frac{1}{n}\sum_{i=1}^{n}\frac{m_i}{V_i} \tag{3-1}$$

式中,ρ_{d} 为矸石散体材料的质量密度,kg/m^3;n 为所测试矸石的数量;ρ_i 为第 i 个岩块的质量密度,kg/m^3;m_i 为第 i 个岩块的质量,kg;V_i 为第 i 个岩块的体积,m^3。

采空区的矸石散体材料属于非连续介质,散状矸石的堆积密度对计算采空区注浆充填空间十分重要。逐次选取相同粒径下一定质量的矸石岩块,将其装入圆形缸筒内测得破碎岩块的体积,结合矸石岩块的总质量计算得到散状矸石的堆积密度,计算公式为:

$$\rho_{\mathrm{b}} = \frac{m_{\mathrm{b}}}{V_{\mathrm{b}}} = \frac{4m_{\mathrm{b}}}{\pi d^2 h_{\mathrm{b}}} \tag{3-2}$$

式中,ρ_{b} 为矸石散体材料的堆积密度,kg/m^3;m_{b} 为缸筒内矸石材料的总质量,kg;V_{b} 为缸筒内矸石材料的体积,m^3;d 为缸筒直径,m;h_{b} 为缸筒内矸石散体材料装样高度,m。

测试得到不同粒径的矸石材料密度,如表 3-1 所示。

表 3-1　不同粒径矸石材料的质量密度与堆积密度

岩性	质量密度 /kg·m^{-3}	堆积密度/kg·m^{-3}					
		0~5 mm	5~10 mm	10~15 mm	15~20 mm	20~25 mm	25~30 mm
夹矸	2 475	1 585	1 482	1 395	1 361	1 420	1 438
石灰岩	2 720	1 590	1 358	1 380	1 346	1 374	1 382
泥岩	2 520	1 608	1 436	1 388	1 352	1 404	1 437
砂岩	2 554	1 438	1 228	1 168	1 196	1 231	1 252

(2) 碎胀系数

岩石破碎后体积将发生膨胀，碎胀系数可以表示这种性质。完整岩石破碎后的体积与破碎前的体积之比称为碎胀系数，原理如图 3-6 所示，计算公式为：

$$K_d = \frac{V_b}{V_e} = \frac{\pi d^2 h_b \rho_b}{4m_b} \tag{3-3}$$

式中，V_e 为完整状态下岩石试样的体积，m^3。

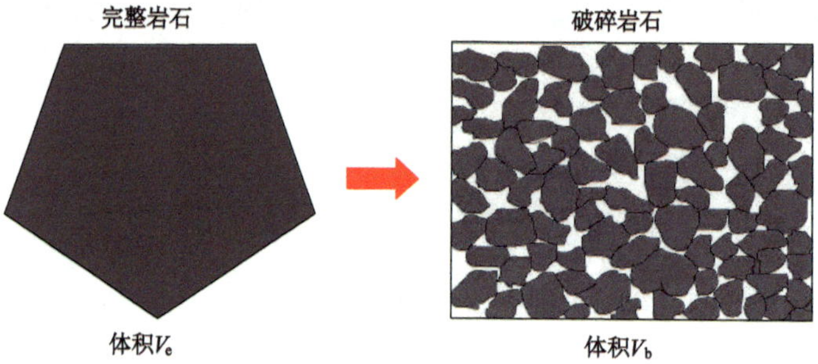

图 3-6　岩石破碎体积膨胀平面示意图

测试得到不同粒径的矸石散体材料碎胀系数，如表 3-2 所示。

表 3-2　不同粒径矸石散体材料的碎胀系数

岩性	碎胀系数					
	0～5 mm	5～10 mm	10～15 mm	15～20 mm	20～25 mm	25～30 mm
夹矸	2.03	2.23	2.33	2.36	2.21	2.18
石灰岩	2.01	1.69	2.04	2.15	1.98	1.86
泥岩	1.77	1.95	2.06	2.11	1.88	1.74
砂岩	1.83	2.12	2.26	2.23	2.14	2.06

(3) 空隙率

空隙率是指破碎岩石堆积状态下的空隙体积与总体积的百分比。空隙率与破碎岩块的形状、结构和排列方式等有关。空隙率直观反映散体材料的密实程度，空隙率越高，散体材料的密实程度越低，充填的空间越大。另外，空隙率是选取充填材料粒径和计算充填量的重要参数，也可为采空区灭火材料流动及瓦斯运移扩散规律研究提供关键参数。

煤矿采空区堆积大量破碎矸石而形成复杂的网状空隙结构，胶结材料被高压注入矸石空隙，胶结材料与破碎矸石形成浆-岩混合结构控制上覆岩层运动。因此，空隙率是注浆充填的关键参数，其计算公式为：

$$\psi = \frac{V_b - V_e}{V_b} = 1 - \frac{V_e}{V_b} = 1 - \frac{4m_b}{\pi d^2 h_b \rho_d} \tag{3-4}$$

式中，ψ 为破碎岩石的初始空隙率。

测试得到不同粒径的矸石散体材料空隙率，如表 3-3 所示。

表 3-3 不同粒径矸石散体材料的空隙率

岩性	空隙率					
	0～5 mm	5～10 mm	10～15 mm	15～20 mm	20～25 mm	25～30 mm
夹矸	0.507	0.546	0.513	0.526	0.508	0.503
石灰岩	0.495	0.481	0.511	0.527	0.505	0.492
泥岩	0.431	0.450	0.523	0.536	0.520	0.517
砂岩	0.451	0.513	0.519	0.547	0.531	0.526

3.1.3 矸石材料的基本力学特性

（1）试样制备与试验方案

不同岩性试样的基础力学属性与破碎状态矸石的瞬时压实特征密切相关。因此，开展不同岩性试样的单轴压缩、变角度剪切、巴西劈裂试验，测试矸石材料的抗压强度、弹性模量、内聚力等参数，为采空区破碎矸石瞬时压实试验与细观模拟分析提供基础数据。

试验严格按照《煤和岩石物理力学性质测定方法》进行。通过 ZS-200 型钻孔取芯机和 DQ4 型全自动岩石切割机，钻取直径 50 mm 的岩芯，并切割成高 25 mm、50 mm 和 100 mm 的圆柱体，最终将圆柱体两端在 SHM-200 型双端面磨石机上磨平。加工的试件端面不平行度小于 0.001 mm，上下端面偏差不大于 0.02 mm，避免由于试样不规则造成的应力集中现象。为了减小试验数据的离散性、提高测试结果的准确度，采用 PDS-SW 型声波检测仪对岩石试样进行波速探测，波速测试如图 3-7 所示。试验结束后剔除波速偏差较大的试样，并逐一计算不同岩性矸石的波速，如表 3-4 所示。

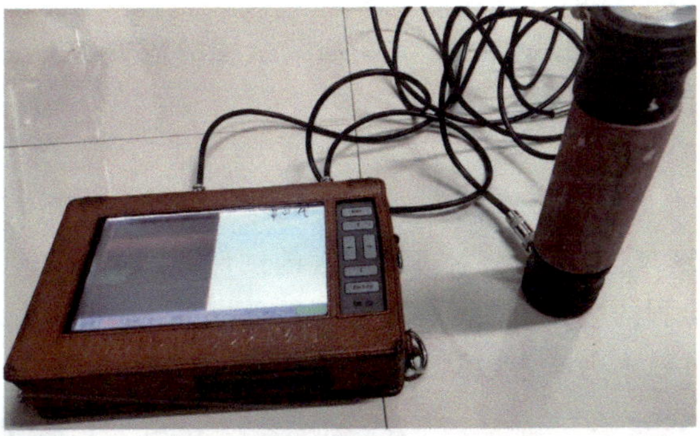

图 3-7 不同岩性矸石波速测试

表 3-4 不同岩性矸石波速测试结果

岩性	纵波波速/m·s⁻¹			纵波波速平均值/m·s⁻¹	横波波速/m·s⁻¹			横波波速平均值/m·s⁻¹
夹矸	2 375	2 280	2 430	2 362	1 596	1 641	1 773	1 670
石灰岩	3 658	3 240	3 386	3 428	2 085	1 932	2 180	2 066
泥岩	2 560	2 680	2 476	2 572	1 650	1 540	1 773	1 654
砂岩	2 872	3 056	2 810	2 913	1 870	1 674	1 730	1 758

制备的满足试验要求的试样如图 3-8 所示。

图 3-8　4 种岩性矸石的标准试件

试验采用中国科学院武汉岩土力学研究所研制的 RMT-150B 型岩石力学试验系统，该系统的轴向最大载荷为 1 000 kN，轴向最大行程为 50 mm。选择与试件尺寸相匹配的劈裂和剪切模具，并配合液压测试系统进行矸石材料的巴西劈裂与变角度剪切试验。

① 单轴压缩试验

按照测试标准，每种岩性的矸石试件不少于 3 块，试验通过位移控制加载，加载速率为 0.1 mm/s。记录试件加载全程的应力-应变数据，并通过轴向和径向的位移引伸计监测轴向与径向应变，计算数据平均值作为试验结果。

② 巴西劈裂试验

按照测试标准，每种岩性的矸石试件不少于 3 块，试件为直径 50 mm、高 25 mm 的圆柱体，以 0.1 mm/s 的速率进行加载。记录试件加载全程的应力-应变数据，并计算数据平均值作为试验结果。

③ 变角度剪切试验

按照测试标准，每种岩性的矸石试件不少于 12 块，试件为直径 50 mm、高 50 mm 的圆柱体，以 0.1 mm/s 的速率进行加载，对每种岩性的试件分别进行 30°、45°和 55°变角度剪切试验。记录试件加载全程的应力-应变数据，并计算数据平均值作为试验结果。

不同岩性矸石试件基本力学参数测试试验如图 3-9 所示。

(a) 单轴压缩试验　　(b) 巴西劈裂试验　　(c) 变角度剪切试验

图 3-9　不同岩性矸石试件基本力学参数测试试验

(2) 试验结果与分析

矸石的基本力学参数如表 3-5 所示。

表 3-5 矸石试件基本力学参数

岩性	弹性模量 E/GPa	抗压强度 σ_c/MPa	抗拉强度 σ_t/MPa	泊松比 μ	内聚力 C/MPa	内摩擦角 φ/(°)
夹矸	18.94	28.97	1.53	0.28	2.98	36.5
石灰岩	32.82	73.28	5.64	0.25	4.14	37.8
泥岩	21.63	33.56	2.86	0.26	3.52	37.3
砂岩	32.58	58.32	4.28	0.22	5.36	40.2

由表 3-5 分析可知：

① 4 种岩性的矸石试样强度差别较大，石灰岩的各项力学强度最高，夹矸最低，试验得到的不同矸石基本力学参数与其微观结构分析结果基本一致。

② 石灰岩抵抗变形的能力较强，在较大的压力下才能发生滑动、移位和破碎，而夹矸和泥岩抵抗变形的能力较弱，在较小的压力下易发生挤压、破碎和结构重组。

3.2 破碎矸石瞬时压实变形特性试验

3.2.1 试验内容与方案

为探究矸石岩性、粒径级配、轴向压力和加载速率对瞬时压实特性的影响，结合液压伺服岩石力学试验系统与破碎矸石压实装置，设计多因素试验方案，分析影响破碎矸石瞬时压实特性的因素。

煤矿采空区矸石岩性、大小、形状差异大，岩块随机堆积，矸石的空隙结构复杂。本书现场采集夹矸、石灰岩、泥岩和砂岩 4 种岩性的矸石，经破碎筛分成不同粒径的试验材料。将第 2 章制备的不同粒径破碎矸石混合成粒径为 0～10 mm、10～20 mm、20～30 mm 和 0～30 mm 的试样。

试验轴向加载压力根据采空区采动应力演化特征，分为 2.5 MPa、5.0 MPa、7.5 MPa 与 10 MPa 四个等级；轴向加载速率为 0.05 mm/s、0.1 mm/s、0.5 mm/s 和 1 mm/s 四个等级。

具体试验内容与方案如下：

(1) 单因素轮换试验

单因素轮换法是一种常用的试验设计方法，仅考虑某种因素对试验结果的影响。试验前制备岩性、粒径不同的单因素轮换试样，将破碎矸石依次分级放置到干燥的储料箱内。试验分析矸石材料岩性、粒径级配、轴向压力和加载速率对瞬时压实特性的影响规律，揭示各因素对矸石集料承压变形的影响机制。试验方案如表 3-6 所示。

表 3-6 单因素轮换试验方案

试验编号	岩性	粒径级配/mm	轴向压力/MPa	加载速率/mm·s⁻¹
1	夹矸	0～30	5	0.5
2	石灰岩			
3	泥岩			
4	砂岩			
5	夹矸	0～10	5	0.5
6		10～20		
7		20～30		
8		0～30		
9	夹矸	0～30	2.5	0.5
10			5	
11			7.5	
12			10	
13	夹矸	0～30	5	0.05
14				0.1
15				0.5
16				1.0

① 保持试样粒径级配、轴向压力和加载速率不变，分析岩性对破碎矸石瞬时压实特性的影响（表 3-6：试验编号 1—4）。确定试样粒径级配为 0～30 mm，轴向压力为 5.0 MPa，加载速率为 0.5 mm/s，破碎矸石的岩性为夹矸、石灰岩、泥岩、砂岩四种。

② 保持试样岩性、轴向压力、加载速率不变，改变试样粒径级配，研究破碎矸石瞬时压实时粒径级配的影响（表 3-6：试验编号 5—8）。确定试样岩性为夹矸，轴向压力为 5 MPa，加载速率为 0.5 mm/s，破碎矸石粒径级配为 0～10 mm、10～20 mm、20～30 mm 和 0～30 mm。

③ 保持试样岩性、粒径级配、加载速率不变，改变试样的轴向压力，分析轴向压力对破碎矸石瞬时压实特性的影响（表 3-6：试验编号 9—12）。确定试样岩性为夹矸，粒径级配为0～30 mm，加载速率为 0.5 mm/s，破碎矸石轴向压力为 2.5 MPa、5.0 MPa、7.5 MPa 和 10 MPa。

④ 保持试样岩性、粒径级配和轴向压力恒定的情况下，改变试样加载速率，分析加载速率对破碎矸石瞬时压实特性的影响（表 3-6：试验编号 13—16）。确定试样岩性为夹矸，粒径级配为 0～30 mm，轴向压力为 5.0 MPa，破碎矸石加载速率为 0.05 mm/s、0.1 mm/s、0.5 mm/s 和 1 mm/s。

（2）正交试验

通常情况下，试验结果受两个或多个因素交互作用影响。试验因素或水平数增多会导致试验次数增加、试验效率降低，为了有效提高试验效率、减少试验次数，在全部水平组合中选择具有代表性的进行试验。正交试验具有高效、快速、经济的优点，可以快速有效地研究多种因素或水平对试验结果的影响。

采用正交试验法设计破碎矸石瞬时压实试验，试验因素有岩性、粒径级配、轴向压力、加载速率四种，每个因素设置4个水平，岩性水平为夹矸、石灰岩、泥岩、砂岩，粒径级配水平为0～10 mm、10～20 mm、20～30 mm、0～30 mm，轴向压力水平为2.5 MPa、5.0 MPa、7.5 MPa、10.0 MPa，加载速率水平为0.05 mm/s、0.1 mm/s、0.5 mm/s、1 mm/s，正交试验的因素和水平如表3-7所示。

表3-7 正交试验因素与水平

水平	因素			
	岩性	粒径级配/mm	轴向压力/MPa	加载速率/$mm \cdot s^{-1}$
1	夹矸	0～10	2.5	0.05
2	石灰岩	10～20	5	0.1
3	泥岩	20～30	7.5	0.5
4	砂岩	0～30	10	1

根据试验要求选择$L_{16}(4^4)$正交表，共进行16次试验，试验方案如表3-8所示。试验前设置参数，当达到设置的试验加载条件时，试验机自动停止，试验全程采集应力-应变数据，结束时取出轴向压力作用下的二次破碎矸石材料进行筛分称重，并记录每种粒径矸石的质量。

表3-8 正交试验方案

试验编号	岩性	粒径级配/mm	轴向压力/MPa	加载速率/$mm \cdot s^{-1}$
1	夹矸	0～10	2.5	0.05
2	夹矸	10～20	5	0.1
3	夹矸	20～30	7.5	0.5
4	夹矸	0～30	10	1
5	石灰岩	0～10	5	0.5
6	石灰岩	10～20	2.5	1
7	石灰岩	20～30	10	0.05
8	石灰岩	0～30	7.5	0.1
9	泥岩	0～10	7.5	1
10	泥岩	10～20	10	0.5
11	泥岩	20～30	2.5	0.1
12	泥岩	0～30	5	0.05
13	砂岩	0～10	10	0.1
14	砂岩	10～20	7.5	0.05
15	砂岩	20～30	5	1
16	砂岩	0～30	2.5	0.5

3.2.2 试验方法与步骤

(1) 制备破碎矸石试样

粒径级配影响破碎矸石瞬时压实特性,每种粒径范围的矸石以 1∶1 的质量比均匀混合。例如:粒径级配为 10～20 mm 的试样,是将粒径 10～15 mm 和粒径 15～20 mm 的破碎矸石按照 1∶1 质量比均匀混合制备而成的。

(2) 破碎矸石均匀振动分层装入缸筒

试验模具是自制的缸筒,缸筒内径 170 mm、高度 150 mm,缸筒材料做过淬火处理,具有较高强度,满足试验要求的硬度与耐磨性。为了减小摩擦对试验结果的影响,每次装料时在缸筒内壁涂抹润滑油;将制备好的破碎矸石分 3～5 层装入,每次分层装料时轻微振动,以减少装料的人工误差;每组试验装料的总质量为 5.4 kg。

(3) 设置试验加载参数

设置参数并进行预加载。试验全程采用 DS5-16B 型全信息声发射系统进行破碎矸石瞬时压实过程的声学特征监测,为保证传感器的充分接触耦合,在缸筒外壁打孔安装传感器,并用胶带固定,缸筒与传感器接触位置需要涂抹凡士林耦合。试验前确保各通道接触良好,可以监测足够的有效数据。试验选择门槛值为 40 dB,以降低外界噪声对试验监测结果的影响。

(4) 破碎矸石轴向加载

试验时为了后期高效准确处理试验数据,确保试验加载系统与声发射监测系统同步启停,全程采集轴向加载过程的压力与位移数据,并计算试样的轴向应变和方孔筛通过率。

(5) 逐级筛分加载后的破碎矸石试样

在轴向压力加载结束后,将载荷作用后的破碎矸石进行逐级筛分称重,并记录载荷作用前后的破碎矸石质量与粒径级配变化情况。破碎矸石瞬时压实试验流程如图 3-10 所示。

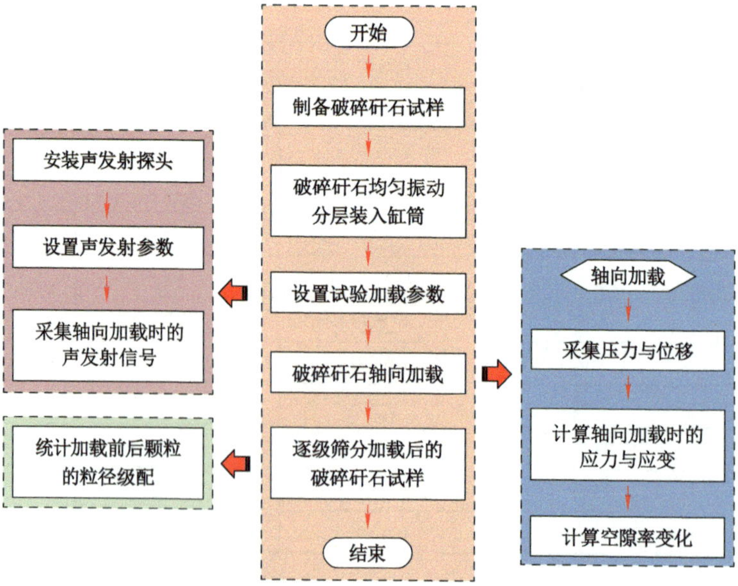

图 3-10 破碎矸石瞬时压实试验流程

轴向压力作用后不同岩性破碎矸石颗粒如图 3-11 所示。

(a) 夹矸　　(b) 石灰岩

(c) 泥岩　　(d) 砂岩

图 3-11　破碎矸石压实后的颗粒分布情况

3.3　破碎矸石瞬时压实变形特性单因素分析

3.3.1　岩性对破碎矸石瞬时压实特性的影响

试验得到不同岩性破碎矸石的轴向应力-应变及压实前后粒径级配曲线，如图 3-12 所示。

① 由图 3-12(a)可知，不同岩性破碎矸石瞬时压实轴向应变存在差异，强度较高的试样轴向应变较小。破碎砂岩的轴向应变最小，其值为 0.343；破碎夹矸的轴向应变最大，其值为 0.475。这是由于砂岩试样强度较高，在轴向压力作用下抵抗滑动移位与挤压破碎的能力强，而夹矸试样的强度较低，在轴向压力作用下容易发生滑动移位，因而在相同轴向压力下破碎夹矸的轴向变形较大。

② 不同岩性破碎矸石瞬时加载前后的粒径变化如图 3-12(b)所示。由图 3-12(b)可知，轴向压力作用下每种岩性的破碎矸石粒径级配曲线均向上偏移，表明缸筒内部的矸石颗粒发生了二次破碎，小粒径的数量不断增多；但不同岩性矸石的破碎程度存在差异，如石灰岩、砂岩颗粒的破碎程度较低，泥岩、夹矸颗粒的破碎程度较高，这是材料的力学特性导致的，试样强度越高其发生二次破碎的可能性越低，即在轴向压力作用下破碎矸石发生滑动移位和二次破碎的频率低、次数少，矸石颗粒的轴向压实变形较小。

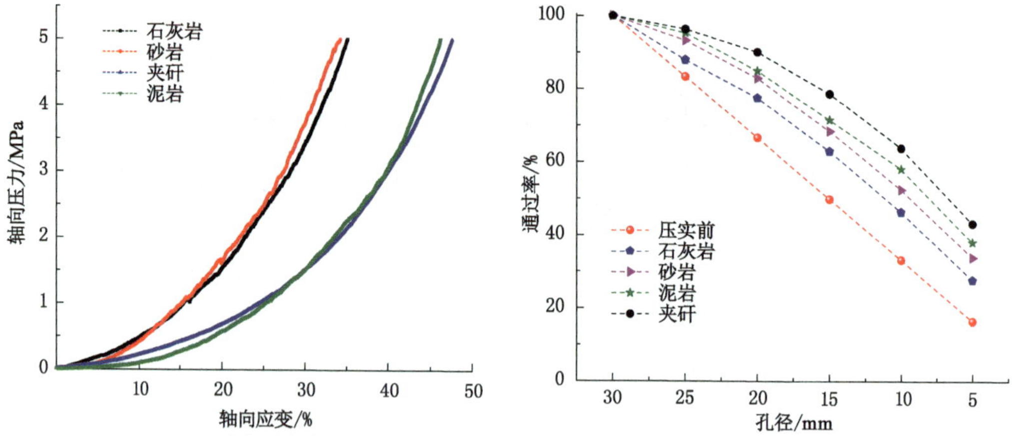

(a) 应力-应变曲线　(b) 粒径变化

图 3-12　不同岩性破碎矸石轴向应力-应变及压实前后粒径级配曲线

3.3.2　粒径级配对破碎矸石瞬时压实特性的影响

试验得到不同粒径级配下破碎矸石的应力-应变及压实前后粒径级配曲线，如图 3-13 所示。

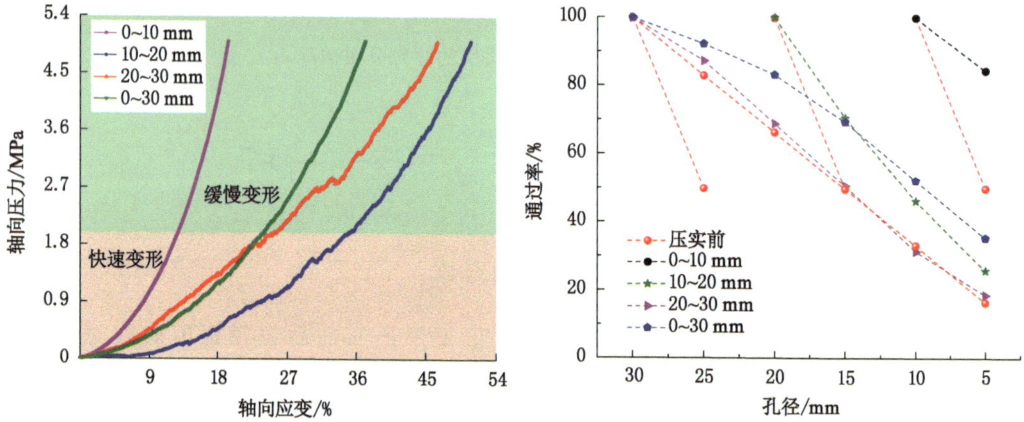

(a) 应力-应变曲线　(b) 粒径变化

图 3-13　不同粒径级配下破碎矸石应力-应变及压实前后粒径级配曲线

① 由图 3-13(a)可知，粒径级配对破碎矸石瞬时压实轴向应变的影响较明显。4 种粒径级配的破碎矸石轴向应变大小顺序为 10～20 mm、20～30 mm、0～30 mm、0～10 mm。粒径级配 0～10 mm 的破碎矸石轴向应变为 0.196，粒径级配 10～20 mm 的破碎矸石轴向应变为 0.512，这是由于粒径级配 0～10 mm 的破碎矸石初始孔隙率较小，从而在轴向压力作用下矸石材料的轴向变形小。

② 不同粒径级配破碎矸石瞬时加载前后的粒径变化如图 3-13(b)所示。由图 3-13(b)可知，轴向压力作用下每种粒径的破碎矸石级配曲线均向上偏移，表明缸筒内部的矸石颗粒

发生破碎，小粒径矸石的占比不断增大；不同粒径的矸石破碎程度存在差异，粒径级配 0～30 mm 的矸石颗粒尺寸分布均匀，小颗粒填充了大颗粒间的空隙，从而导致轴向压缩变形较小。

③ 轴向压力加载时伴随着矸石颗粒破碎的噼啪声响，颗粒不断发生滑动移位，颗粒间空隙逐渐被压密。大粒径矸石承压面较多，相同载荷下大粒径矸石易发生挤压破碎，平均粒径级配(0～30 mm)的矸石颗粒应力-应变曲线平滑。产生这种现象的原因在于，矸石块体相互补充咬合，岩块不易发生运动，颗粒间的挤压碰撞频次低。

3.3.3　轴向压力对破碎矸石瞬时压实特性的影响

试验得到不同轴向压力下破碎矸石的应力-应变及压实前后粒径级配曲线，如图 3-14 所示。

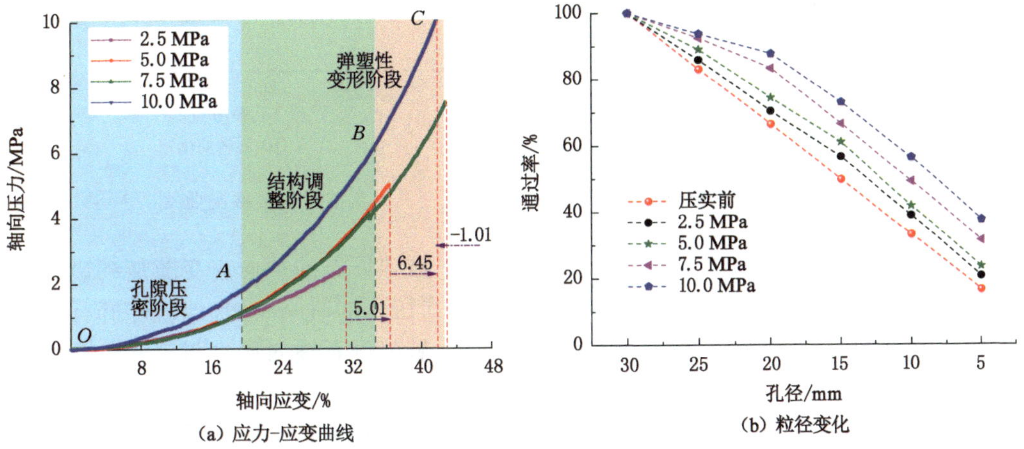

图 3-14　不同轴向压力下破碎矸石应力-应变及压实前后粒径级配曲线

① 由图 3-14(a)可知，不同轴向压力下破碎矸石的应力-应变曲线大致分为 3 个阶段。第Ⅰ阶段：孔隙压密阶段(*OA*)，该阶段破碎矸石处于松散状态，空隙率高，轴向压力作用下矸石颗粒间的大量空隙、孔隙发生闭合，表现出变形大、承载性能差的特征。第Ⅱ阶段：结构调整阶段(*AB*)，该阶段经过初始的空隙孔隙压密，破碎矸石颗粒紧密接触，颗粒棱角相互挤压形成不同形式的宏观结构，在轴向压力作用下破碎矸石相互挤压，空间位置重新排列，应力-应变曲线波动升高。第Ⅲ阶段：弹塑性变形阶段(*BC*)，该阶段破碎矸石以点接触的形式相互啮合，接触点位置产生应力集中，破碎矸石发生弹塑性变形，试样空隙率逐渐降低，承载能力逐渐增强。

② 不同轴向压力下破碎矸石瞬时压实结束，逐级筛分统计加载前后的粒径分布。由图 3-14(b)可知，4 种轴向压力加载后破碎矸石的粒径级配曲线均向上偏移，表明矸石颗粒发生破碎，小粒径矸石占比不断增大；2.5 MPa 轴向压力作用下矸石颗粒未发生明显挤压破碎，仅局部位置有摩擦型破碎，但空隙率逐渐降低；10 MPa 轴向压力作用下矸石颗粒充分破碎，试样密实度显著提高。

3.3.4 轴向加载速率对破碎矸石瞬时压实特性的影响

试验得到不同加载速率下破碎矸石的应力-应变及压实前后粒径级配曲线，如图 3-15 所示。

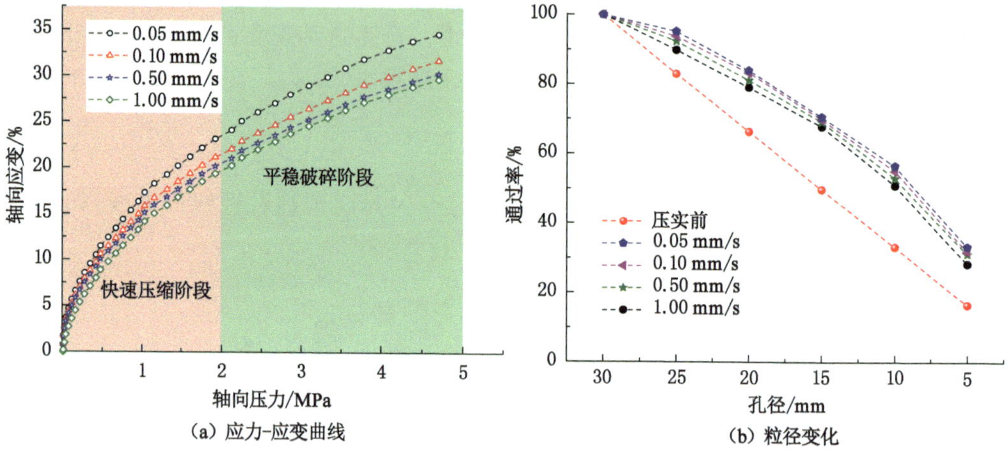

(a) 应力-应变曲线　　(b) 粒径变化

图 3-15　不同加载速率下破碎矸石应力-应变及压实前后粒径级配曲线

① 由图 3-15(a)分析可知，相同轴向压力作用下破碎矸石的轴向应变随加载速率的增大而减小，加载速率越大，破碎矸石试样到达预定轴向压力的时间越短，即破碎矸石所承受载荷的时间越短，吸收的能量越少；不同加载速率下，破碎矸石轴向压力与应变呈幂函数关系，且相关性较好。

② 由图 3-15(a)还可知，破碎矸石压缩过程的轴向应变可分为两个阶段：快速压缩阶段(0～2 MPa)，主要发生破碎矸石初始空隙压密，压缩变形量占总变形量的 65%；平稳破碎阶段(2～5 MPa)，主要发生破碎矸石的挤压破碎与二次填充，压缩变形量占总变形量的 35%。因而，破碎矸石瞬时压实的宏观变形主要表现为内部空隙压密与填充。

③ 不同加载速率下破碎矸石瞬时压实结束，逐级筛分统计加载前后的粒径分布。由图 3-15(b)可知，4 种加载速率下破碎矸石的粒径级配曲线均向上偏移，表明矸石颗粒发生破碎，小粒径矸石占比不断增大；0.05 mm/s 加载速率下矸石颗粒破碎程度最大，1 mm/s 加载速率下矸石颗粒破碎程度最小。整体而言，不同加载速率下矸石颗粒的破碎程度相差不大，因此，相同轴向压力作用下加载速率对矸石瞬时压实前后的颗粒破碎影响较小。

3.3.5 破碎矸石瞬时压实粒径分布特征

轴向压力作用下矸石颗粒发生挤压破碎与滑动移位，颗粒的空间排序和空隙分布发生变化。试验采用的缸筒刚度大，轴向压力作用时不考虑矸石径向变形。基于自相似和迭代生成原则的分形理论是目前较为活跃的一门新科学，在岩石力学研究方面广泛应用。试样中粒径小于 d 的颗粒质量与总质量之比可表示为：

$$\frac{M_d}{M_t} = \frac{d^{3-D} - d_m^{3-D}}{d_M^{3-D} - d_m^{3-D}} \tag{3-5}$$

式中，M_d 为粒径小于 d 的颗粒质量，kg；M_t 为总质量，kg；d 为矸石粒径，mm；d_m 为矸石最小粒径，mm；d_M 为矸石最大粒径，mm；D 为矸石分形维数。

假设矸石最小粒径 $d_m=0$，则式(3-5)可表示为：

$$\frac{M_d}{M_t}=\left(\frac{d}{d_M}\right)^{3-D} \tag{3-6}$$

式(3-6)两边取对数：

$$\lg\frac{M_d}{M_t}=(3-D)\lg\frac{d}{d_M} \tag{3-7}$$

由式(3-7)可以看出，直线 $\lg(M_d/M_t)$-$\lg(d/d_M)$ 的斜率为 $3-D$。根据矸石压实前后质量筛分结果，可拟合计算出试样粒径分布的分形维数。

不同岩性破碎矸石分形维数拟合过程如图 3-16 所示。由图可以看出，不同岩性破碎矸石在轴向压力作用下，小粒径矸石占比增大。式(3-7)表明，颗粒破碎程度越高，分形维数越大。等质量混合的破碎矸石试样初始分形维数为 2，在相同轴向压力作用下试样分形维数逐渐增大，说明矸石颗粒发生不同程度的破碎。5 MPa 轴向压力作用下夹矸的分形维数为 2.46，泥岩分形维数为 2.43，砂岩分形维数为 2.26，石灰岩分形维数为 2.06。3.2 节测试得到石灰岩的抗压强度最大，夹矸的抗压强度最小，即石灰岩抵抗变形的能力最强，外界载荷作用下石灰岩的压缩变形量与破碎程度最小，分形维数最小。

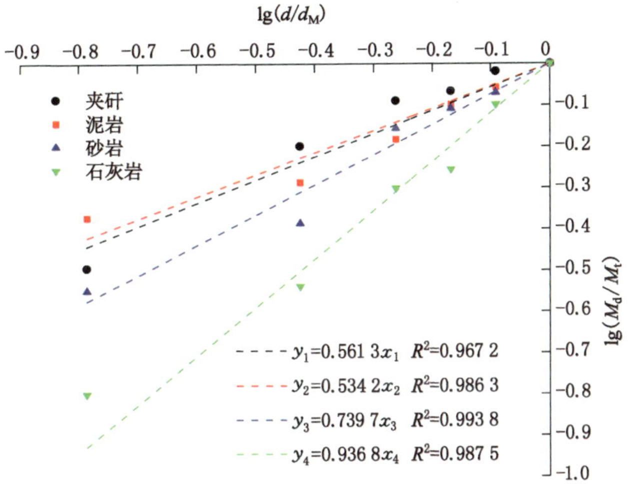

图 3-16 不同岩性破碎矸石分形维数拟合过程

不同粒径级配下破碎矸石分形维数拟合过程如图 3-17 所示。由图可以看出，轴向压力作用下试样中小颗粒比例逐渐增大，不同粒径级配的矸石试样分形维数均大于 2。破碎矸石试样初始粒径分布不同，分形维数大小不一，初始粒径级配差异使得轴向压力作用下对比分析矸石试样分形维数毫无意义。然而，对于具有相同初始粒径级配的矸石试样，分形维数可以直观地描述轴向压力作用下试样的粒径分布特征。

不同轴向压力下破碎矸石分形维数拟合过程如图 3-18 所示。由图可以看出，相同加载速率下破碎矸石分形维数随轴向压力的增加逐渐增大，轴向压力从 2.5 MPa 增加到 10 MPa，试样分形维数从 2.29 增加到 2.65，表明轴向压力加载后矸石颗粒发生破碎，小颗粒矸石占比增大。外载荷作用下破碎矸石经历孔隙压密、结构调整和弹塑性变形三个阶段，

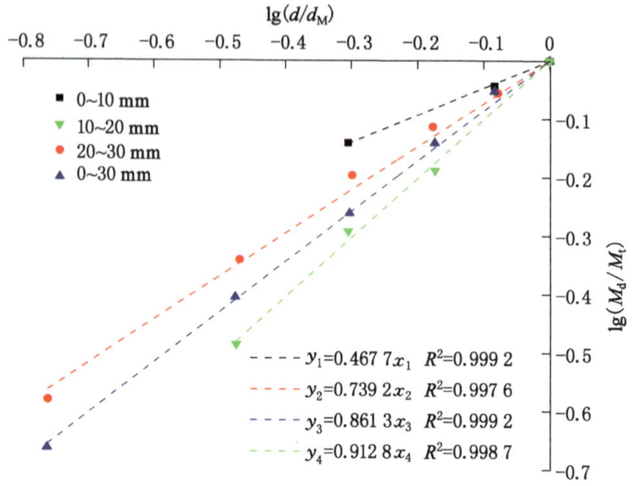

图 3-17　不同粒径级配下破碎矸石分形维数拟合过程

主要发生矸石空隙的快速压密、颗粒间结构的挤压调整及颗粒弹塑性变形。2.5 MPa 轴向压力作用下，未能达到试样颗粒破碎强度，仅局部位置发生摩擦破碎；10 MPa 轴向压力作用下，矸石颗粒充分压缩变形，小颗粒矸石比例逐渐增大，试样密实度显著提高。

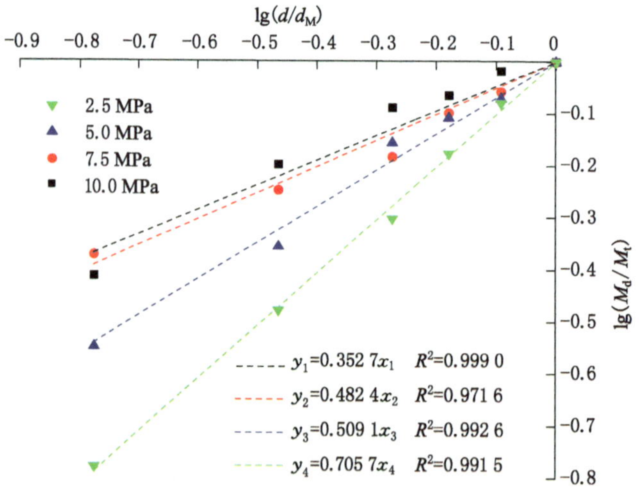

图 3-18　不同轴向压力下破碎矸石分形维数拟合过程

不同加载速率下破碎矸石分形维数拟合过程如图 3-19 所示。由图可以看出，相同轴向压力下破碎矸石分形维数随加载速率的增加逐渐减小，加载速率从 0.05 mm/s 增加到 1 mm/s，试样分形维数从 2.65 减小到 2.45，表明不同加载速率下矸石颗粒的破碎程度不同，小颗粒矸石比例逐渐增大。破碎矸石轴向加载速率越大，试样所承受载荷的时间越短，其吸收能量越少，颗粒破碎程度越小。破碎矸石压实筛分时发现，分形维数与颗粒大小无直接关系。4 种加载速率下破碎矸石的粒径分布发生变化，0.05 mm/s 加载速率下小颗粒矸石分布最多，1 mm/s 加载速率下小颗粒矸石分布最少。整体而言，不同加载速率下矸石颗粒的破碎程度相差不大。因此,相同轴向压力作用下,破碎矸石瞬时压实前后的颗粒破碎程度受加载速率的影响较小。

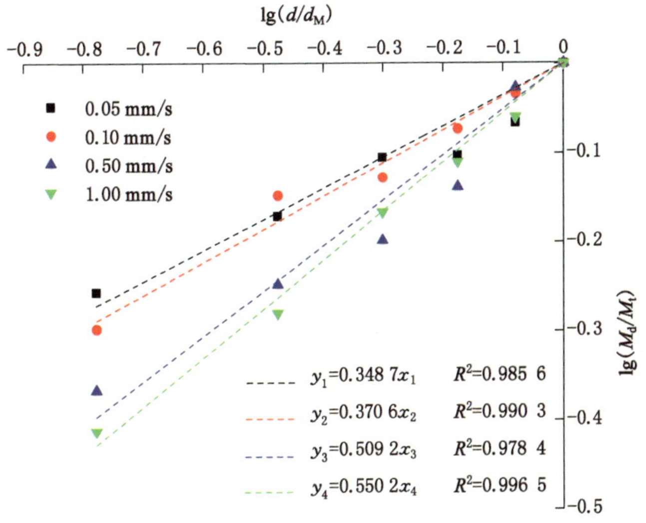

图 3-19　不同加载速率下破碎矸石分形维数拟合过程

3.4　破碎矸石瞬时压实声发射特征

脆性材料变形破坏过程常以弹性波(声发射)的形式释放能量。分析破碎矸石压实变形过程的声发射信号,可实现对矸石颗粒滑动移位、挤压破碎演化过程的分析,进一步加深对瞬时压实过程矸石块体破碎与空间空隙变化的认识,初步揭示破碎矸石瞬时压实变形及声发射响应特征。声发射特征参数主要有幅值、上升时间、能量、振铃计数、持续时间、事件、峰值频率、定位等,声发射参数定义如图 3-20 所示。

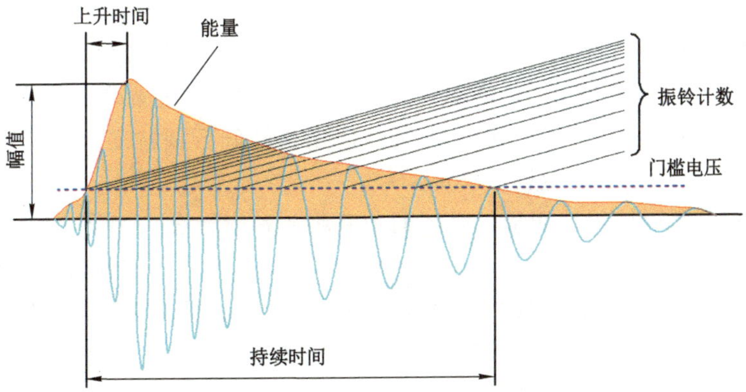

图 3-20　声发射参数定义

3.4.1 声发射参数时序特征

不同岩性破碎矸石应力、能量、累计能量随时间的演化特征如图 3-21 所示，由图 3-21 可知：

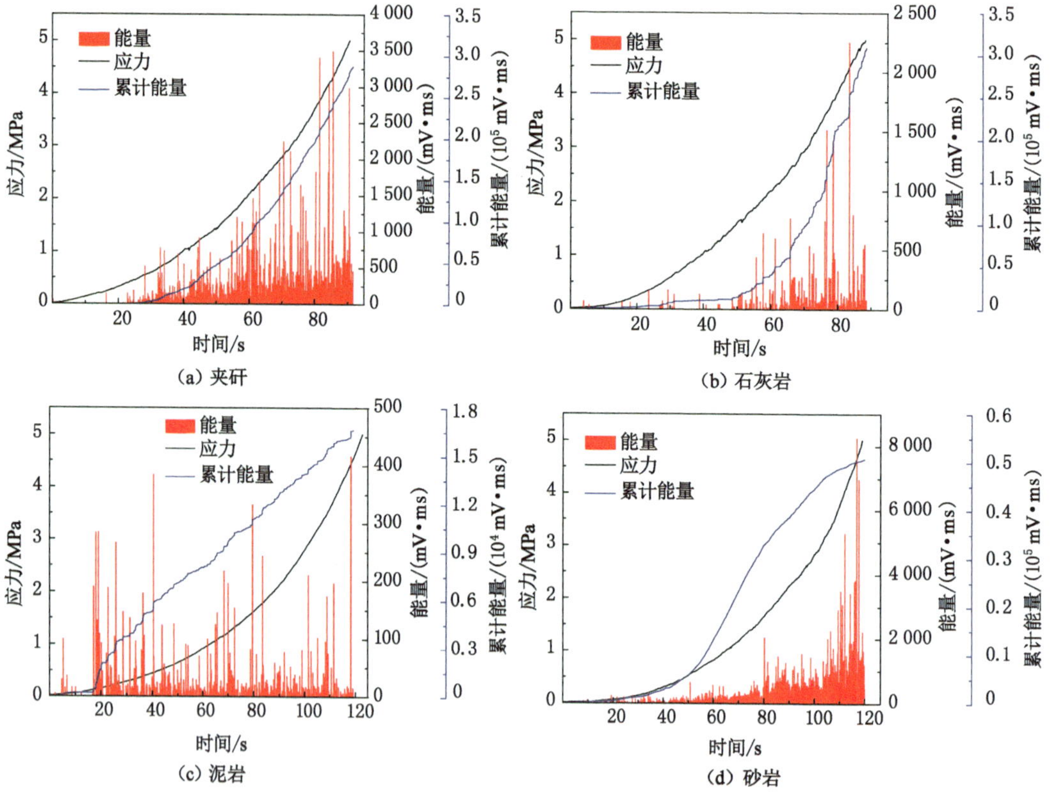

图 3-21　不同岩性破碎矸石应力、能量、累计能量随时间的演化特征

① 不同岩性破碎矸石的声发射能量演化规律相似，大致可分为前期、中期、后期 3 个阶段。加载前期试样内部矸石颗粒空隙被压实，发生挤压破碎的颗粒较少，声发射信号以摩擦型为主，能量变化小；加载中期试样内部矸石颗粒相互挤压，发生破碎的颗粒较多，声发射信号存在摩擦型和破碎型两种，能量变化大；加载后期试样矸石颗粒逐渐形成稳定的压实体，声发射信号以摩擦型为主，能量较为稳定。

② 根据声发射能量、累计能量与时间的关系将 4 种岩性分为两类，轴向压力作用下夹矸和泥岩的声发射信号显著变化的起始时间早，石灰岩和砂岩的声发射信号显著变化的起始时间晚。这是由于夹矸和泥岩的自身强度较低，加载初期部分矸石颗粒发生破碎，声发射信号显著变化的时间较早；石灰岩和砂岩的自身强度较高，加载初期轴向压力作用下矸石颗粒没有发生挤压破碎，声发射信号显著变化的时间较晚。

③ 不同岩性破碎矸石压实过程的声发射最大能量存在一定差异，其中夹矸的最大能量为 3 486 mV·ms，石灰岩的最大能量为 2 270 mV·ms，泥岩的最大能量为 426 mV·ms，砂岩的最大能量为 8 254 mV·ms，整体上破碎矸石的最大能量与自身强度呈正相关关系。

同样地，不同岩性破碎矸石加载过程的声发射累计能量也存在差异，其中石灰岩的累计能量为 3.24×10^5 mV·ms(最大)，泥岩的累计能量为 1.63×10^4 mV·ms(最小)，约为石灰岩的5.03%。这主要是由于矸石自身强度大，储存能量的能力强，发生挤压破碎时释放的能量多。

不同岩性破碎矸石幅值、应力、事件数随时间的演化特征如图 3-22 所示，由图 3-22 可知：

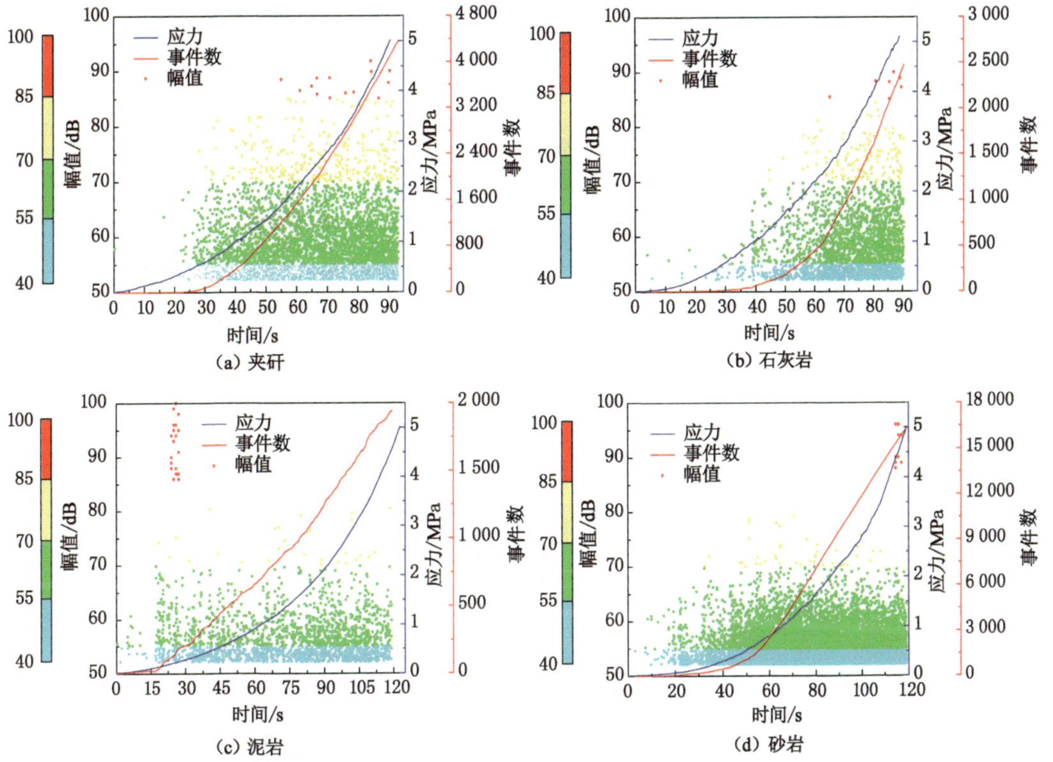

图 3-22 不同岩性破碎矸石幅值、应力、事件数随时间的演化特征

① 不同岩性破碎矸石的声发射事件演化规律存在差异，轴向压力作用下夹矸和泥岩的声发射事件数在 20 s 时开始缓慢增大，石灰岩和砂岩的声发射事件数在 40 s 时开始增大，加载前期破碎矸石的声发射事件数较少，加载中期声发射事件数缓慢增加，加载后期声发射事件数呈线性快速增加，且破碎砂岩和石灰岩试样的声发射事件数增加速率最大。这主要是由于加载前期破碎矸石孔隙、空隙被压实闭合，夹矸和泥岩的自身强度较低，内部积聚的能量低，在低轴向压力下发生挤压破碎释放能量，石灰岩和砂岩的自身强度较高，高轴向压力下矸石颗粒才会发生破碎，声发射事件数逐渐增多。

② 不同岩性破碎矸石的声发射幅值演化规律基本一致：破碎夹矸加载前期声发射幅值为 40～70 dB，加载中期为 40～100 dB，加载后期为 40～100 dB；破碎石灰岩加载前期声发射幅值为 40～70 dB，加载中期为 40～85 dB，加载后期为 40～100 dB；破碎泥岩加载前期声发射幅值为 40～100 dB，加载中期为 40～85 dB，加载后期为 40～85 dB；破碎砂岩加载前期声发射幅值为 40～70 dB，加载中期为 40～85 dB，加载后期为 40～100 dB。但高幅值(>85 dB)的分布存在差异，破碎泥岩的高幅值(>85 dB)仅出现在加载前期，而破碎石灰岩和砂岩的高幅值出现在加载后期。

不同粒径级配下破碎矸石应力、能量、累计能量随时间的演化特征如图 3-23 所示，由图 3-23 可知：

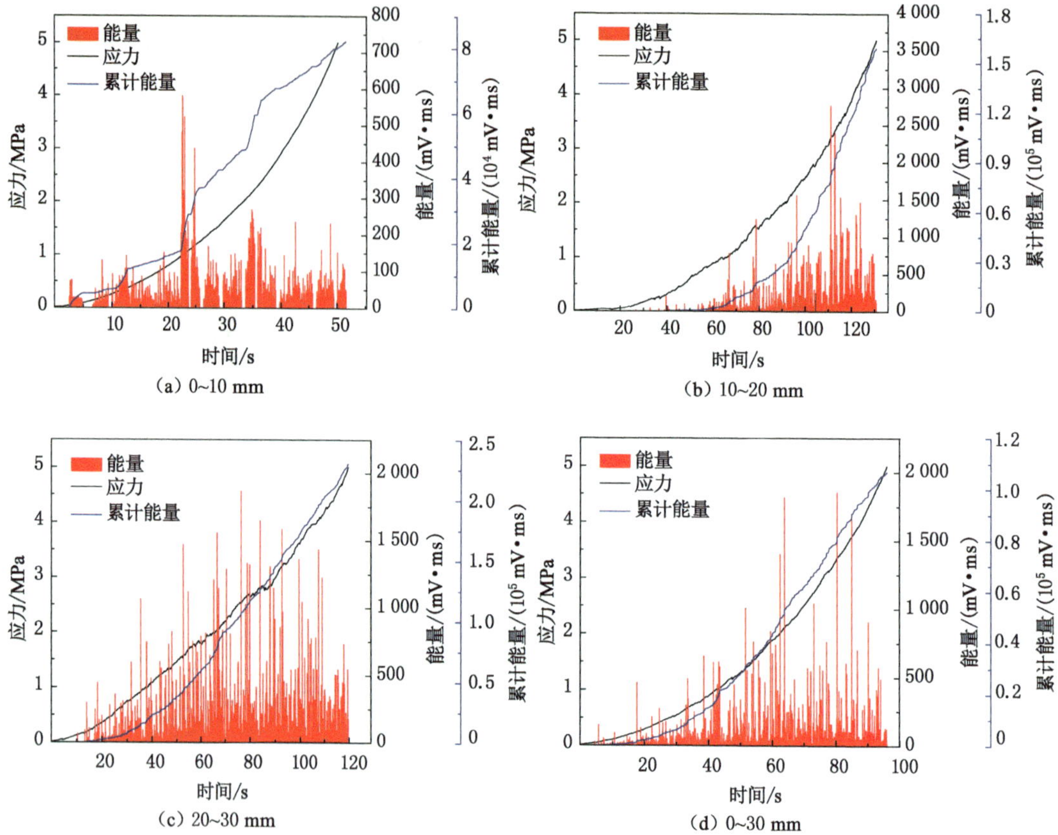

(a) 0~10 mm　(b) 10~20 mm　(c) 20~30 mm　(d) 0~30 mm

图 3-23　不同粒径级配下破碎矸石应力、能量、累计能量随时间的演化特征

① 4 种粒径级配的破碎矸石声发射能量整体变化趋势相似，大致分为前、中、后三阶段，轴向加载过程中声发射信号呈现“少-多-少”的特点，即加载前期、后期的声发射信号较少，中期的声发射信号较多。加载前期破碎矸石孔隙、空隙被压实，发生挤压破碎的较少，能量变化小；加载中期破碎矸石发生滑动移位与挤压破碎，能量变化较大；加载后期破碎矸石在轴向压力作用下逐渐形成稳定的压实体，能量变化趋于稳定。

② 根据声发射能量、累计能量、轴向压力-时间曲线将 4 种粒径级配分为两类：粒径级配 20～30 mm、0～30 mm 的声发射能量持续时间长，粒径级配 0～10 mm、10～20 mm 的声发射能量持续时间短；粒径级配 20～30 mm 和 0～30 mm 的声发射能量较大，粒径级配 0～10 mm、10～20 mm 的声发射能量较小，且大粒径级配(20～30 mm)的能量大于小粒径级配(0～10 mm)的能量，级配 20～30 mm 的能量大于级配 0～30 mm 的能量。即大粒径矸石占比越大，声发射能量越大，承压破碎时大粒径矸石释放的能量大于小粒径矸石。

③ 不同粒径级配矸石承压破碎过程的声发射最大能量存在一定差异，其中级配 0～10 mm 的最大能量为 582 mV · ms，级配 10～20 mm 的最大能量为 2 568 mV · ms，级配 20～30 mm 的最大能量为 1 886 mV · ms，级配 0～30 mm 的最大能量为 1 832 mV · ms，

整体上破碎矸石的最大能量与大粒径占比呈正相关关系。同样地，不同粒径级配矸石承压过程的声发射累计能量也存在差异，4 种级配的声发射累计能量分别为 8.32×10^{4} mV·ms、1.58×10^{5} mV·ms、2.26×10^{5} mV·ms、1.08×10^{5} mV·ms。声发射累计能量与持续时间、事件数以及最大能量有关，根据不同粒径级配矸石的声发射累计能量曲线可知，大粒径矸石占比多的试样能量大于小粒径矸石占比多的试样，即轴向压力下大粒径矸石发生挤压破碎时的声发射活动频次高。

不同粒径级配的破碎矸石幅值、应力、事件数随时间的演化特征如图 3-24 所示，由图 3-24 可知：

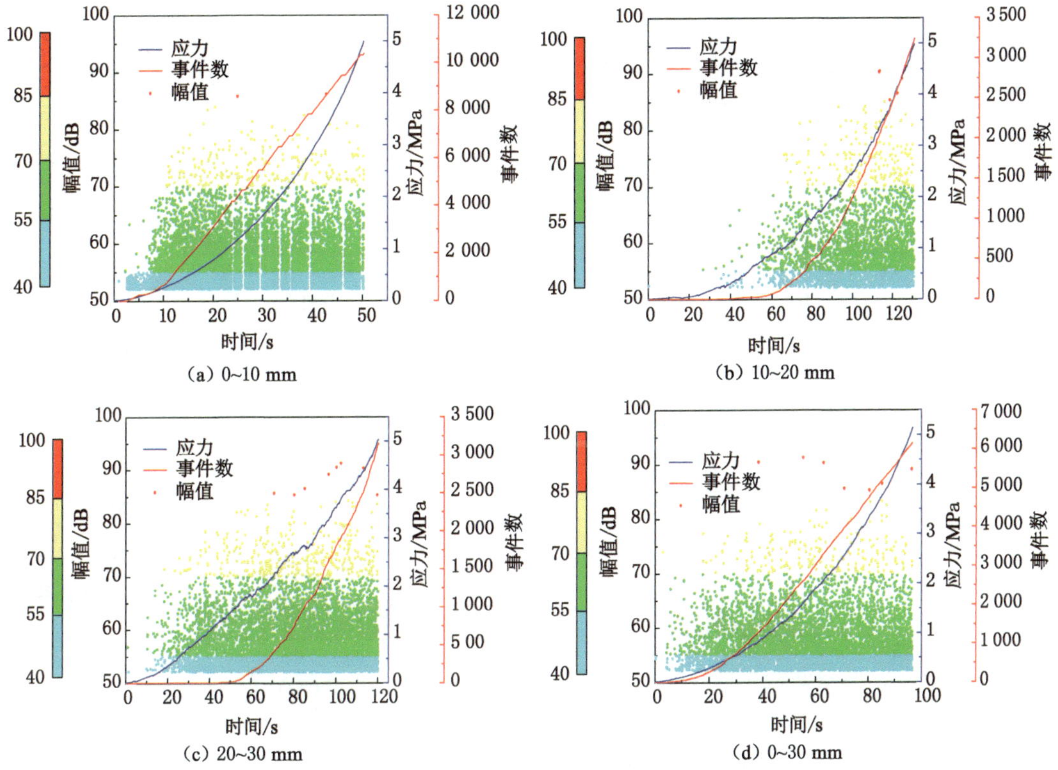

(a) 0~10 mm (b) 10~20 mm (c) 20~30 mm (d) 0~30 mm

图 3-24 不同粒径级配下破碎矸石幅值、应力、事件数随时间的演化特征

① 不同粒径级配破碎矸石的声发射事件演化规律存在差异，轴向压力下粒径级配 0～10 mm、0～30 mm 的声发射事件数在 5 s 时开始增大，且呈线性增大；粒径级配 10～20 mm、20～30 mm 的声发射事件数在 50 s 时开始增大，且缓慢增大。这主要是由于小粒径级配（0～10 mm）和平均粒径级配（0～30 mm）矸石空隙率较小，轴向压力下压密阶段持续时间短，仅发生少量声发射事件；中粒径级配（10～20 mm）和大粒径级配（20～30 mm）矸石空隙率较大，轴向压力下大量矸石颗粒空隙被压实，压密阶段持续时间长，随后进入缓慢变形阶段并伴有大量声发射事件产生，该阶段矸石颗粒结构不断优化调整，轴向压力下颗粒挤压破碎，声发射事件频繁发生。

② 不同粒径级配的破碎矸石的声发射幅值演化规律基本一致：粒径级配 0～10 mm 的破碎矸石加载前期声发射幅值为 40～70 dB，加载中期为 40～100 dB，加载后期为 40～100 dB；

粒径级配 10～20 mm 的破碎矸石加载前期声发射幅值为 40～55 dB,加载中期为 40～85 dB,加载后期为 40～100 dB;粒径级配 20～30 mm 的破碎矸石加载前期声发射幅值为 40～85 dB,加载中期为 40～100 dB,加载后期为 40～100 dB;粒径级配 0～30 mm 的破碎矸石加载前期声发射幅值为 40～70 dB,加载中期为 40～100 dB,加载后期为 40～100 dB。但高幅值(>85 dB)的分布存在一定差异:粒径级配 0～10 mm 和 10～20 mm 的高幅值较少,且均分布在加载后期;粒径级配 20～30 mm 和 0～30 mm 的高幅值较多,且均分布在加载中后期。

不同轴向压力下破碎矸石应力、能量、累计能量随时间的演化特征如图 3-25 所示,由图 3-25 可知:

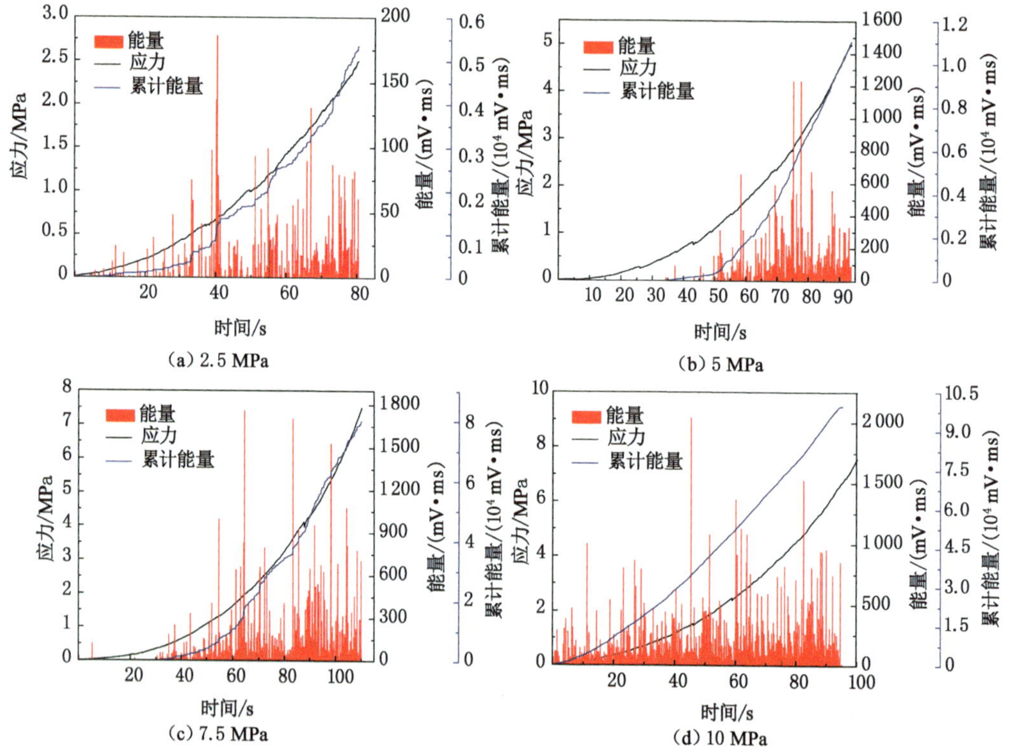

图 3-25　不同轴向压力下破碎矸石应力、能量、累计能量随时间的演化特征

① 4 种轴向压力下破碎矸石的声发射能量整体变化规律存在差异,2.5 MPa 轴向压力下破碎矸石的声发射能量随轴向压力增大而增大,5 MPa 轴向压力下破碎矸石的声发射能量随轴向压力增大呈现先增大后减小特征,7.5 MPa 和 10 MPa 轴向压力下破碎矸石的声发射能量随轴向压力增大表现出先增大后减小、最后趋于稳定的特征。这主要是由于较小的轴向压力下破碎矸石空隙被压密,且伴有少量挤压破碎,较大的轴向压力下破碎矸石经历前期的空隙压密逐渐形成较为稳定的压实体,从而声发射能量呈现先增大后减小、最后趋于稳定的变化特征。

② 不同轴向压力下破碎矸石承载过程的声发射最大能量存在差异,轴向压力 2.5 MPa 的最大能量为 186 mV·ms,轴向压力 5 MPa 的最大能量为 1 251 mV·ms,轴向压力 7.5 MPa 的最大能量为 1 720 mV·ms,轴向压力 10 MPa 的最大能量为 2 058 mV·ms,整体上破碎矸石的最大能量与轴向压力呈正相关关系。同样地,不同轴向压力下破碎矸石承载过程的

声发射累计能量也存在差异，4 种轴向压力的声发射累计能量分别为 0.54×10⁴ mV·ms、1.12×10⁴ mV·ms、7.88×10⁴ mV·ms、9.83×10⁴ mV·ms。声发射累计能量与加载持续时间、最大能量及事件数有关，根据不同轴向压力下破碎矸石的声发射参数演变曲线可知，轴向压力越大，试样的声发射活动持续时间越长，矸石颗粒的破碎程度越大，声发射事件的能量较大，即破碎矸石累计能量随轴向压力的增大而增大。

不同轴向压力下破碎矸石的幅值、应力、事件数随时间演化特征如图 3-26 所示，由图 3-26 可知：

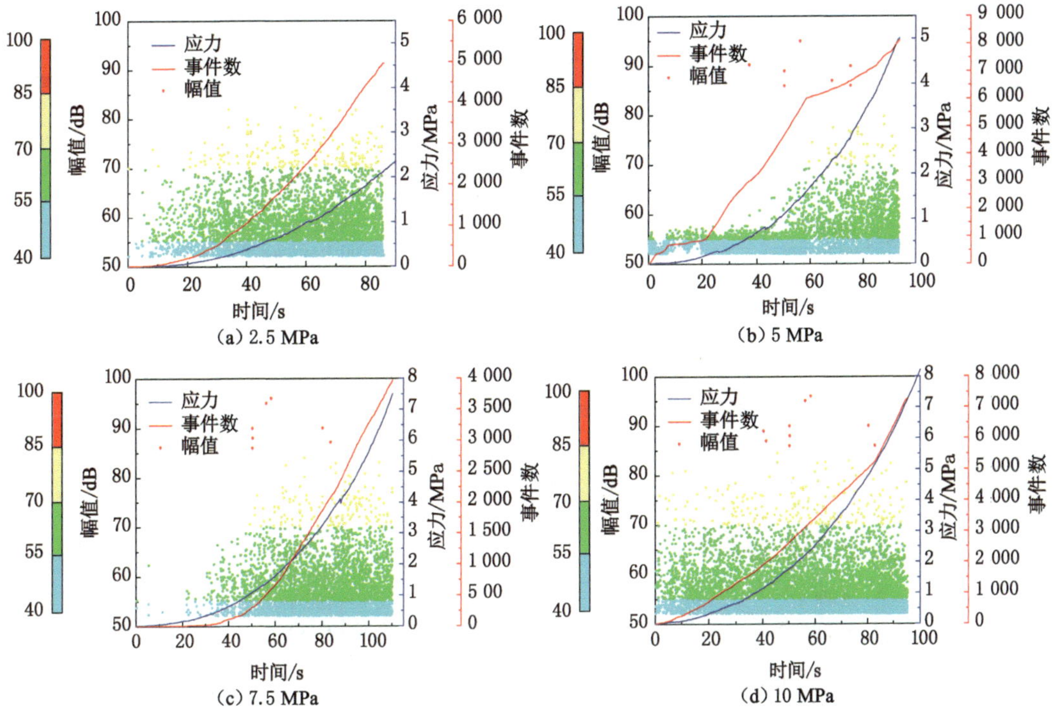

图 3-26 不同轴向压力下破碎矸石幅值、应力、事件数随时间的演化特征

① 不同轴向压力下破碎矸石的声发射事件演化规律存在差异，2.5 MPa 轴向压力下破碎矸石的声发射事件总数为 4 980，5 MPa 轴向压力下破碎矸石的声发射事件总数为 8 064，7.5 MPa 轴向压力下破碎矸石的声发射事件总数为 3 946，10 MPa 轴向压力下破碎矸石的声发射事件总数为 7 382，不同轴向压力下破碎矸石的声发射事件整体规律性差。另外，不同轴向压力下破碎矸石的声发射事件起始时间差异大，这主要是由于试样内部破碎矸石随机分布，形成不同的空间承载结构，从而导致矸石颗粒发生挤压破碎的时间和空间位置不同，即破碎矸石声发射事件的时空特征不同。

② 不同轴向压力下破碎矸石的声发射幅值演化规律基本一致，2.5 MPa 轴向压力下破碎矸石加载前期声发射幅值为 40～85 dB，加载中期为 40～85 dB，加载后期为 40～85 dB；5 MPa 轴向压力下破碎矸石加载前期声发射幅值为 40～70 dB，加载中期为 40～100 dB，加载后期为 40～100 dB；7.5 MPa 轴向压力下破碎矸石加载前期声发射幅值为 40～70 dB，加载中期为 40～100 dB，加载后期为 40～85 dB；10 MPa 轴向压力下破碎矸石加载前期声发

射幅值为 40～100 dB,加载中期为 40～100 dB,加载后期为 40～100 dB。但高幅值(>85 dB)的分布存在差异,2.5 MPa 轴向压力下没有高幅值,5 MPa、7.5 MPa 和 10 MPa 轴向压力下高幅值均分布在中后期。

不同加载速率下破碎矸石应力、能量、累计能量随时间的演化特征如图 3-27 所示,由图 3-27 可知:

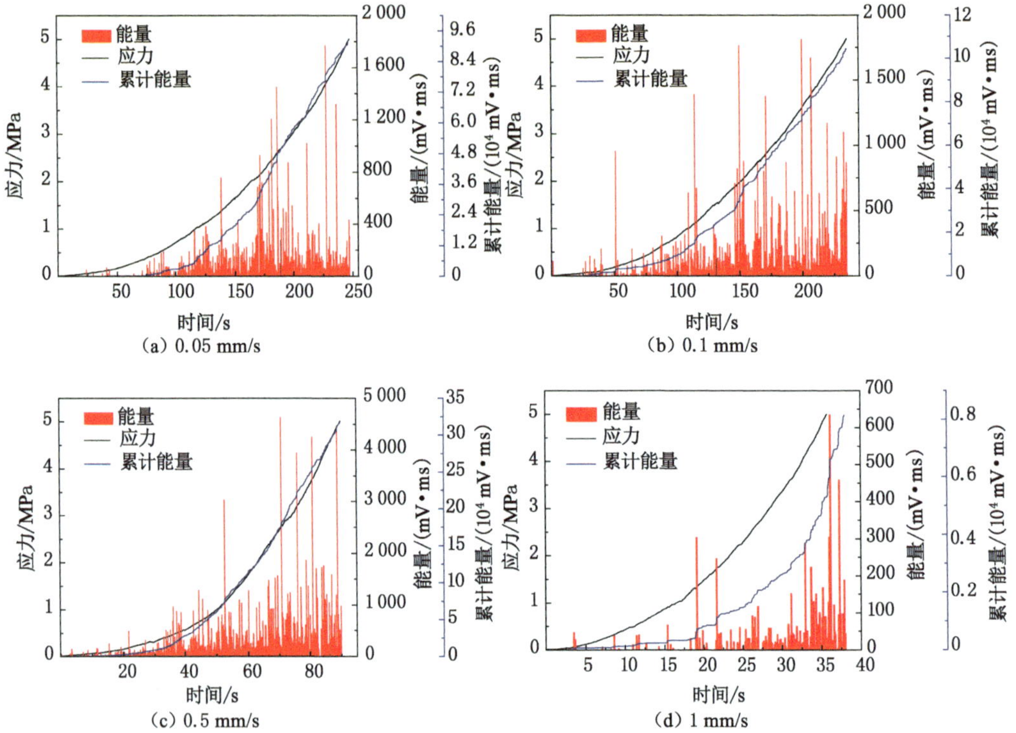

图 3-27　不同加载速率下破碎矸石应力、能量、累计能量随时间的演化特征

① 4 种加载速率下破碎矸石的声发射能量整体变化规律大致相似:低加载速率(0.05 mm/s)下破碎矸石空隙压密过程完全,试样受载持续时间长,在形成稳定的压实体前矸石颗粒发生挤压破碎,能量缓慢增大并伴有瞬间释放现象,声发射活动较为剧烈;高加载速率(1 mm/s)下破碎矸石空隙压密不完全,试样受载持续时间短,仅有少量矸石颗粒发生挤压破碎,声发射信号较弱。

② 不同加载速率下破碎矸石承载过程的声发射最大能量存在差异,加载速率 0.05 mm/s 的声发射最大能量为 1 768 mV·ms,加载速率 0.1 mm/s 的声发射最大能量为 1 820 mV·ms,加载速率 0.5 mm/s 的声发射最大能量为 4 682 mV·ms,加载速率 1 mm/s 的声发射最大能量为 643 mV·ms。同样地,不同加载速率下破碎矸石承压过程的声发射累计能量也存在差异,4 种加载速率的声发射累计能量分别为 9.16×10^4 mV·ms、10.28×10^4 mV·ms、32.20×10^4 mV·ms、0.82×10^4 mV·ms。声发射累计能量与加载持续时间、最大能量及事件数有关,加载速率越大,声发射活动持续时间越短,试样的最大能量和累计能量随加载速率的增大表现出先增后减的变化特征。

不同加载速率下破碎矸石的幅值、应力、事件数随时间演化特征如图 3-28 所示,由图 3-28

分析可知：

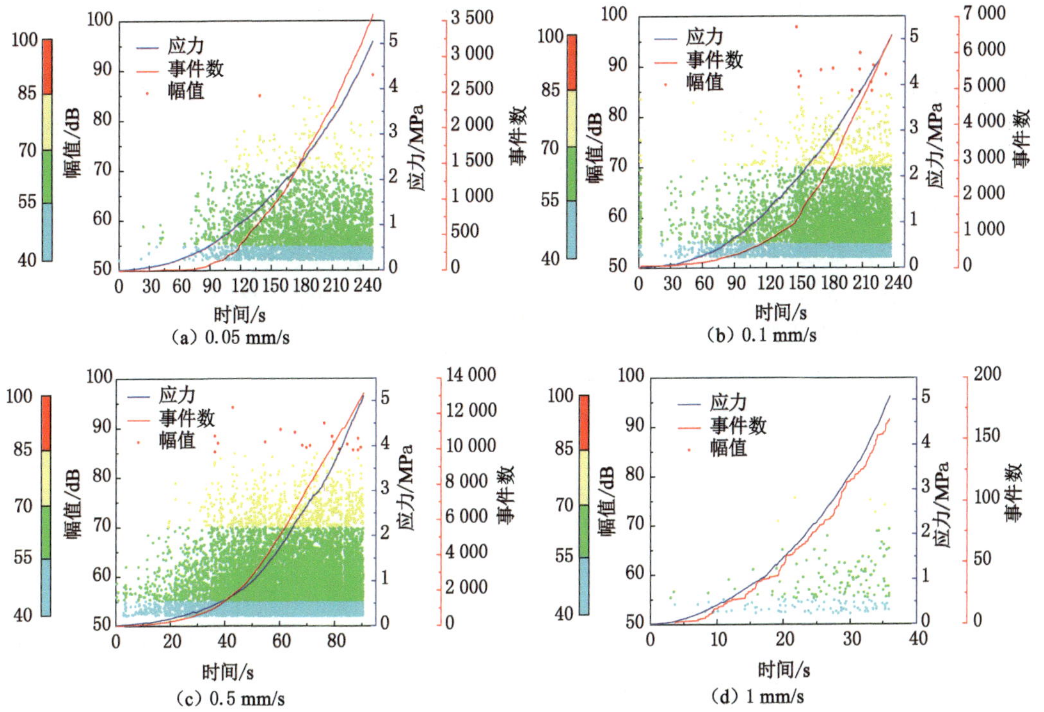

图 3-28 不同加载速率下破碎矸石幅值、应力、事件数随时间的演化特征

① 不同加载速率下破碎矸石的声发射事件演化规律存在差异，加载速率 0.05 mm/s 破碎矸石的声发射事件总数为 3 487 次，加载速率 0.1 mm/s 破碎矸石的声发射事件总数为 6 518 次，加载速率 0.5 mm/s 破碎矸石的声发射事件总数为 13 218 次，加载速率 1 mm/s 破碎矸石的声发射事件总数为 168 次，破碎矸石的声发射事件数随加载速率的增大呈现先增大后减小特征。

② 不同加载速率下破碎矸石的声发射幅值演化特征基本一致：0.05 mm/s 加载速率下破碎矸石加载前期声发射幅值为 40～70 dB，加载中期为 40～100 dB，加载后期为 40～100 dB；0.5 mm/s 加载速率下破碎矸石加载前期声发射幅值为 40～70 dB，加载中期为 40～100 dB，加载后期为 40～100 dB；1 mm/s 加载速率下破碎矸石加载前期声发射幅值为 40～70 dB，加载中期为 40～85 dB，加载后期为 40～85 dB。但高幅值（＞85 dB）的分布存在差异，0.05 mm/s 加载速率下高幅值较少，0.1 mm/s、0.5 mm/s 加载速率下高幅值分布在中后期，1 mm/s 加载速率下破碎矸石没有高幅值。

3.4.2 声发射事件空间分布特征

声发射事件的空间分布可以反映破碎矸石试样内部发生挤压变形的规律，便于精准确定声发射事件源位置；也可以反映矸石颗粒内部发生破坏的位置，进而反映试样内部颗粒摩擦、挤压和破裂的空间演化过程。按照几何关系将声发射传感器布置在缸筒表面，根据不同位置传感器采集到的信息，结合声源定位算法计算出声发射源的位置坐标。声发射定位的主要原理是通过不同位置的传感器监测 P 波到达的时间差进行声发射源坐标反演。盖革定位法是最常见的利用时间差定位的算法，适用于小区域的声发射事件。

利用盖革定位法进行破碎矸石内部挤压破裂位置的反演。不同岩性破碎矸石的声发射事件空间分布如图 3-29 所示。由图 3-29 可知：相同轴向压力作用下夹矸的声发射事件数最多，石灰岩和砂岩的声发射事件数最少，即夹矸颗粒发生挤压破裂的频率与次数大于石灰岩和砂岩。从图中不难看出，轴向压力作用下声发射事件主要分布在缸筒四周和中部，上下端位置的声发射事件较少，说明矸石颗粒挤压破裂主要集中在试样四周和中部。试验所用的缸筒经过淬火处理，具有较大的硬度与耐磨性，轴向压力作用下强度较低的夹矸颗粒与缸筒内壁率先发生挤压破裂，产生较强的声发射信号。泥岩是一种自身固结程度低的软弱岩石，轴向加载初期泥岩颗粒与缸筒内壁发生摩擦型破坏，较难监测到完整的声发射信号。因此，泥岩的声发射事件主要分布在试样中心区域，且发生在加载中后期，这是由于该阶段试样中部区域颗粒相互挤压破裂，优化调整逐渐形成稳定结构。

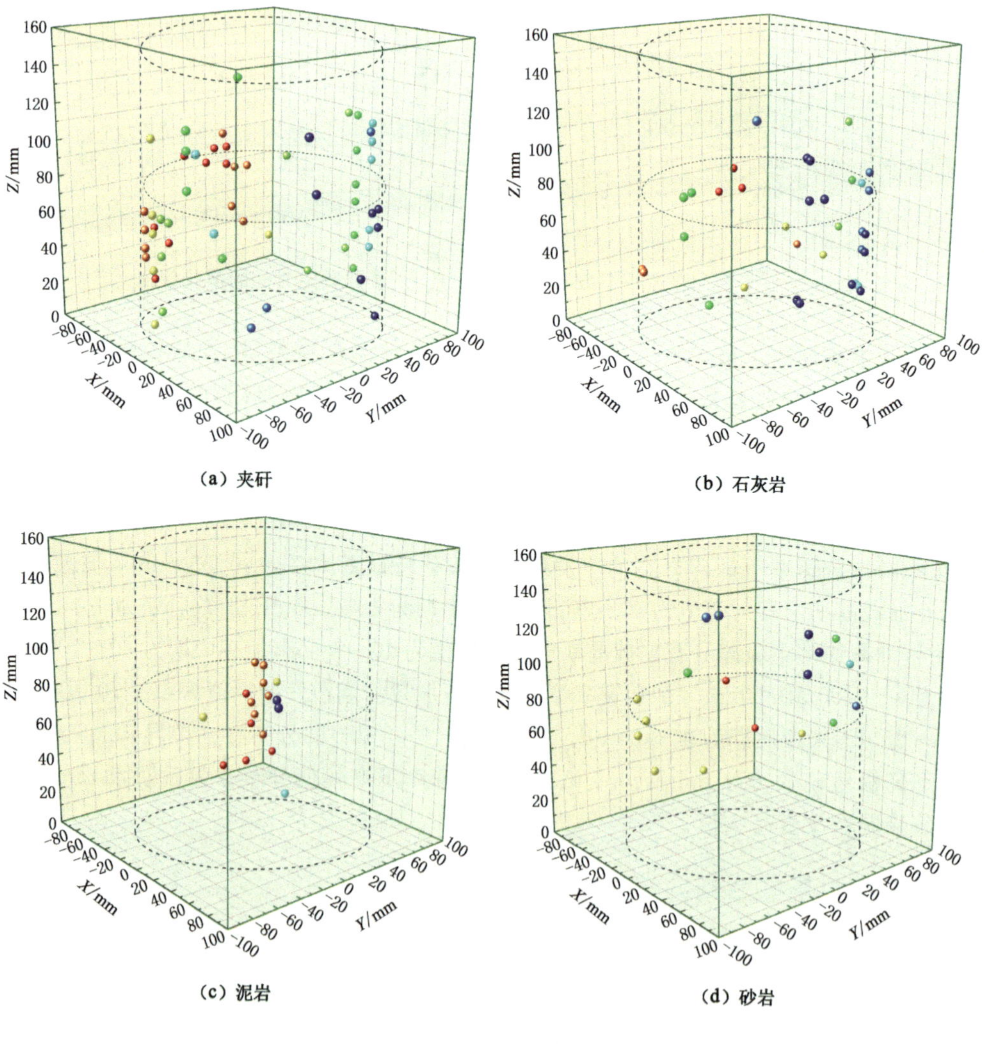

图 3-29　不同岩性破碎矸石的声发射事件空间分布

不同粒径级配下破碎矸石的声发射事件空间分布如图 3-30 所示。由图 3-30 可知：不同粒径级配破碎矸石的声发射事件空间分布具有差异，相同轴向压力作用下，级配 20～30 mm 破碎矸石的声发射事件空间分布最多。不同粒径级配下破碎矸石的声发射事件主要分布在试样四周和中部：大粒径(20～30 mm)颗粒与缸筒内壁发生挤压破裂，声发射事件主要分布在试样四周和中部；小粒径(0～10 mm)颗粒经历加载初期的压实，试样中部区域颗粒不断发生破裂与结构调整，声发射事件主要分布在试样中部。这是由于小粒径(0～10 mm)试样的初始空隙小，空间结构较为密实稳定，矸石颗粒不易发生挤压回转、滑动破裂；大粒径(20～30 mm)试样的初始空隙大，空间结构密实性差、稳定性低，颗粒易发生应力集中破裂。

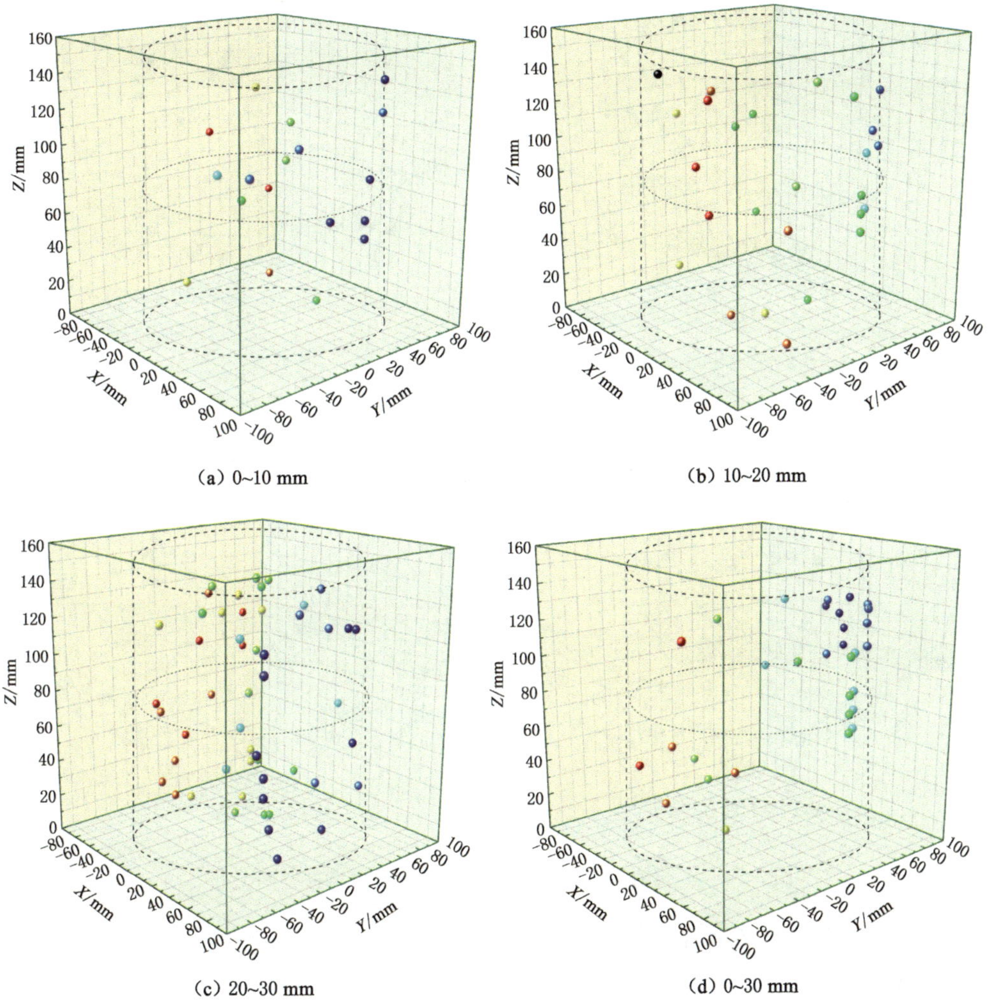

图 3-30　不同粒径级配下破碎矸石的声发射事件空间分布

不同轴向压力下破碎矸石的声发射事件空间分布如图 3-31 所示。由图 3-31 可知：不同轴向压力下破碎矸石的声发射事件空间分布规律基本一致。2.5 MPa 轴向压力作用下破碎矸石经历空隙压密和结构调整两个阶段，试样初始空隙大且分布均匀，轴向压力较小时没有达到矸石的破坏强度，颗粒主要发生摩擦，棱角相互挤压研磨填充空隙，仅有少量声发射事件均匀分布。10 MPa 轴向压力作用下破碎矸石经历孔隙压密、结构调整和弹塑性变形三个阶段，随着轴向压力逐渐增大至矸石颗粒的破坏强度，颗粒充分破碎产生大量声发射事件。另外，不同轴向压力下破碎矸石的声发射事件空间分布与载荷作用时间相关。

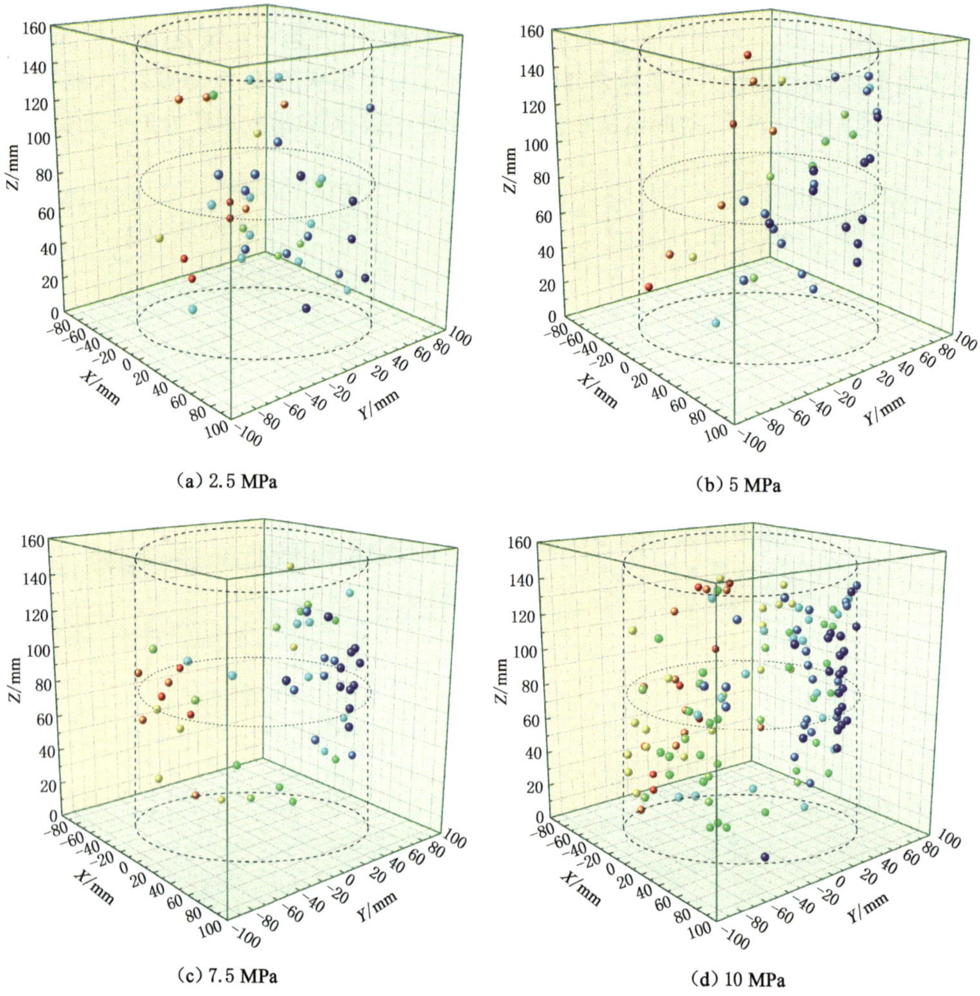

(a) 2.5 MPa　(b) 5 MPa　(c) 7.5 MPa　(d) 10 MPa

图 3-31　不同轴向压力下破碎矸石的声发射事件空间分布

不同加载速率下破碎矸石的声发射事件空间分布如图 3-32 所示。由图 3-32 可知：不同加载速率下破碎矸石的声发射事件空间分布规律大致相同，0.05 mm/s 加载速率下破碎矸石的声发射事件空间分布最少，1 mm/s 加载速率下的声发射事件空间分布最多，即破碎矸石的声发射事件数随加载速率的增大而增大。这是由于较小加载速率下矸石颗粒孔隙空隙逐渐压实，颗粒破裂运动微弱声发射事件少；较大加载速率下矸石颗粒挤压破裂频繁，破裂过程中释放大能量，整体损伤程度大，声发射事件分布密度强度高。这与高加载速率下破碎矸石宏观破坏时出现的噼啪爆裂现象一致。

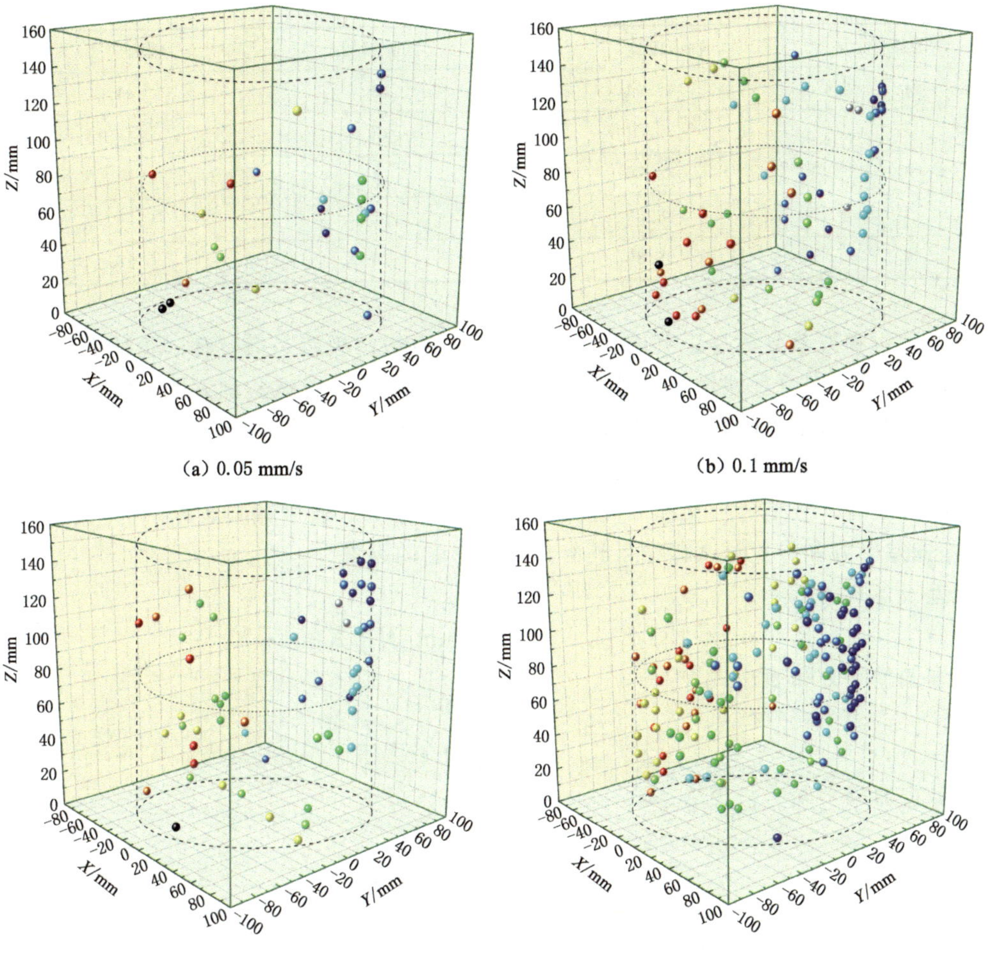

(a) 0.05 mm/s

(b) 0.1 mm/s

(c) 0.5 mm/s

(d) 1 mm/s

图 3-32 不同加载速率下破碎矸石的声发射事件空间分布

3.5 破碎矸石瞬时压实变形多因素分析

3.5.1 试验结果与分析方法

根据 3.2 节所述的破碎矸石多因素正交试验方案，得到了破碎矸石多因素正交瞬时压实试验结果，如表 3-9 所示。

表 3-9 正交试验结果

试验编号	轴向应变/%	试验编号	轴向应变/%
1	20.42	9	50.93
2	41.58	10	68.42
3	52.60	11	60.60

表 3-9(续)

试验编号	轴向应变/%	试验编号	轴向应变/%
4	43.04	12	41.26
5	37.94	13	48.74
6	30.16	14	51.03
7	56.59	15	59.72
8	35.89	16	26.16

极差分析和方差分析是正交试验最常用的分析方法。极差是指所有试验结果的最大值与最小值之差,可以直观地反映试验结果的离散程度,科学评价试验因素的显著性。极差值可反映因素对试验结果的影响程度,极差值越大的因素对试验结果影响程度越强,说明该因素是试验的主要影响因素;极差值越小的因素对试验结果影响程度越弱,说明该因素对试验结果影响不显著。方差分析又称“F 检验”或“变异数分析”,通过试验数据的因素偏差平方和、误差偏差平方和寻找对试验结果具有显著性影响的因素。

极差表达式为:

$$R = \max[K_{1j}, K_{2j}, \cdots, K_{kj}] - \min[K_{1j}, K_{2j}, \cdots, K_{kj}] \tag{3-8}$$

因素偏差平方和表达式为:

$$S_{\mathrm{f}} = \frac{1}{n}\sum_{i=1}^{m}\left(\sum_{j=1}^{n}x_{ij}\right)^2 - \frac{T^2}{q} \tag{3-9}$$

误差偏差平方和表达式为:

$$S_{\mathrm{e}} = \sum_{i=1}^{m}\sum_{j=1}^{n}(x_{ij})^2 - \frac{1}{n}\sum_{i=1}^{m}\left(\sum_{j=1}^{n}x_{ij}\right)^2 \tag{3-10}$$

式(3-8)至式(3-10)中假定正交试验共 N 个元素,元素水平数为 m,每个水平进行 n 次试验,则试验总次数为 $m\times n$。

F 值是方差分析的重要参数,反映因素变化对试验结果的显著性影响程度,F 值大说明试验残差值小、精度高。

3.5.2 破碎矸石瞬时压实极差分析

极差分析可以直观定性比较各因素对破碎矸石瞬时压实轴向应变的影响。正交试验破碎矸石瞬时压实轴向应变极差分析结果如表 3-10 所示。以轴向应变为纵坐标,因素水平值为横坐标,破碎矸石瞬时压实的轴向应变敏感性因素分析结果如图 3-33 所示。

表 3-10　正交试验轴向应变极差分析结果

因素	岩性	粒径级配/mm	轴向压力/MPa	加载速率/mm·s^{-1}
均值 1/%	46.41	39.51	34.33	46.70
均值 2/%	39.41	47.79	45.13	46.28
均值 3/%	55.30	57.37	47.41	45.96
均值 4/%	40.15	36.58	47.61	42.33
极差 R	15.89	20.79	13.28	4.37

表 3-10(续)

因素	岩性	粒径级配/mm	轴向压力/MPa	加载速率/mm·s⁻¹
水平主次顺序	2 4 1 3	4 1 2 3	1 2 3 4	4 3 2 1
因素主次顺序	粒径级配　轴向压力　岩性　加载速率			

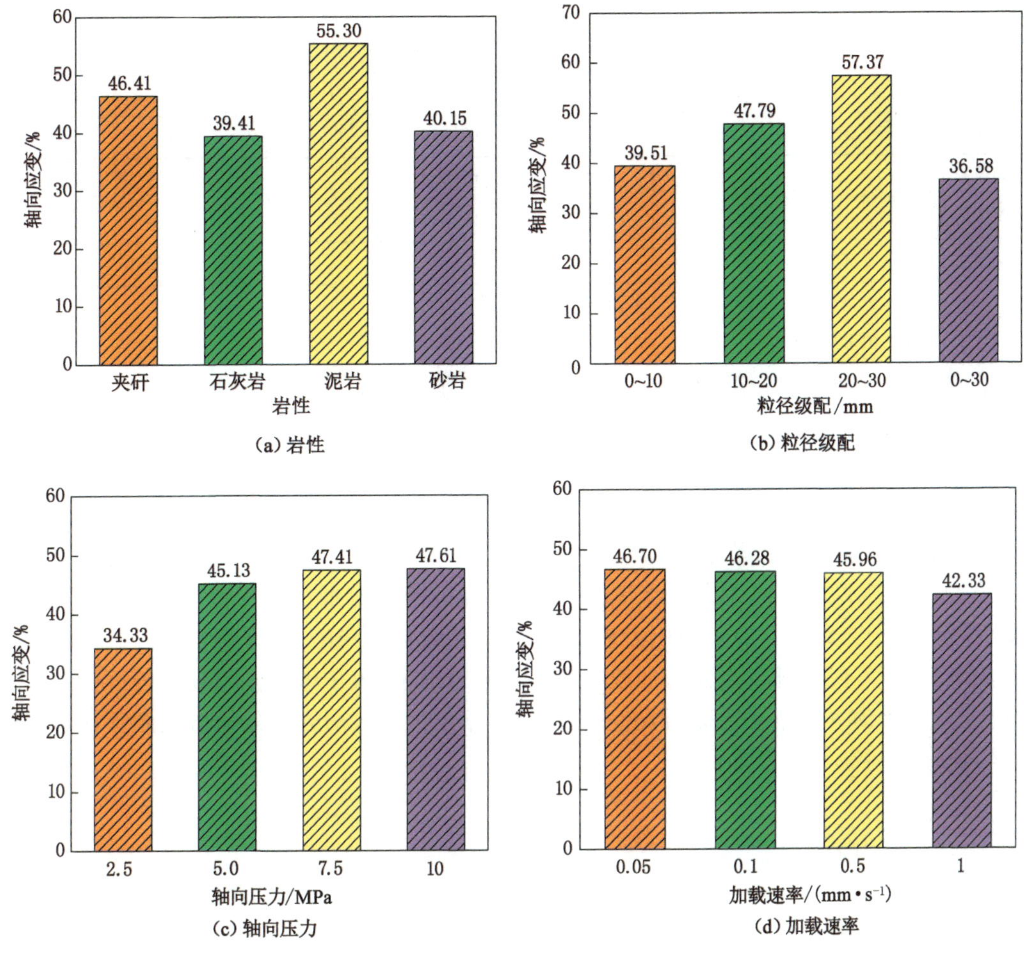

图 3-33　轴向应变的敏感性因素分析结果

由表 3-10 和图 3-33 可以看出：

① 影响破碎矸石瞬时压实轴向应变的因素排序为粒径级配、轴向压力、岩性、加载速率；粒径级配对破碎矸石压实变形起主导作用，其次是轴向压力，这是由于级配良好的矸石颗粒可以形成稳定结构，颗粒不易发生挤压破裂，当轴向压力达到材料的破坏强度时，矸石颗粒发生破裂变形的数量增多。

② 影响破碎矸石瞬时压实轴向应变的水平排序中，石灰岩、粒径级配 0～30 mm、轴向压力 2.5 MPa、加载速率 1 mm/s 对矸石颗粒瞬时压实轴向应变的影响较大。因此，初步确定该因素水平是影响破碎矸石瞬时压实轴向应变的最优组合。

3.5.3 破碎矸石瞬时压实方差分析

方差分析可以定量对比影响因素的重要性与显著性，以轴向应变为因变量进行方差分析。根据各因素 F 值，采用★数量表示显著性程度。通常试验时操作误差、仪器误差、外界环境误差等都会对结果产生影响，将空白列和加载速率列作为误差列减小误差影响。试验的方差分析结果如表 3-11 所示。

表 3-11 正交试验方差分析结果

因素	偏差平方和	均方	自由度	F 值	P 值	显著性	显著性程度
岩性	650.210	216.737	3	10.519	0.042	显著	★★
粒径级配	1 046.252	348.751	3	16.926	0.022	非常显著	★★★★
轴向压力	819.095	273.032	3	13.251	0.031	比较显著	★★★
加载速率	48.863	16.288	3	0.791	0.574	一般显著	★

由表 3-11 可以看出：

① 各影响因素中粒径级配的偏差平方和最大，加载速率的偏差平方和最小，方差分析结果显示粒径级配的 F 值最大，加载速率的最小。因此，影响破碎矸石瞬时压实轴向应变的主次因素依次为粒径级配、轴向压力、岩性、加载速率，这与极差分析结果相一致。试样粒径级配形成的骨架结构可有效抵抗变形，轴向压力作用下矸石颗粒发生挤压研磨填充空隙孔隙逐渐形成密实的稳定体，抗变形能力增大。

② 试验发现调整不同因素的水平值，可以提高破碎矸石抵抗变形能力，降低其压实变形量。当作用于破碎矸石的轴向压力较大时，可以优化粒径级配；当作用于破碎矸石的轴向压力较小时，可以优化矸石岩性和加载速率。一般情况下，煤矿地下工程现场的层状顶板岩性固定，开采扰动下顶板岩层逐层发生垮落，优化采空区矸石岩性可以通过控制顶板垮落层位来实现。

3.6 破碎矸石压实变形机制

在破碎矸石瞬时压实变形过程中，缸筒内壁产生向上的摩擦力，试样底部矸石受到的压力远小于试样顶部。假设破碎矸石试样高度为 h，横截面积为 A，截面周长为 B。则破碎矸石侧面和底部的受力分布如图 3-34 所示。

侧向受力分布为：

$$\sigma_{\mathrm{b}} = \frac{\rho g \lambda}{n}\left(1 - \frac{1}{\mathrm{e}^{nh}}\right) \tag{3-11}$$

式中，$n=\dfrac{af\lambda}{A}$；σ_{b} 为破碎矸石侧向受力，MPa；ρ 为破碎矸石密度，kg/m^3；g 为重力加速度，m/s^2；λ 为侧向压力与平均垂直压力之比；f 为破碎矸石与缸筒内壁的摩擦系数。

垂直受力分布为：

$$\sigma = \sigma_{\mathrm{b}}\left[1 + 2\mu^2 + 2\sqrt{(1+\mu^2)\left(\mu^2 - \mu^2\,\frac{4x^2}{b^2}\right)}\,\right] \tag{3-12}$$

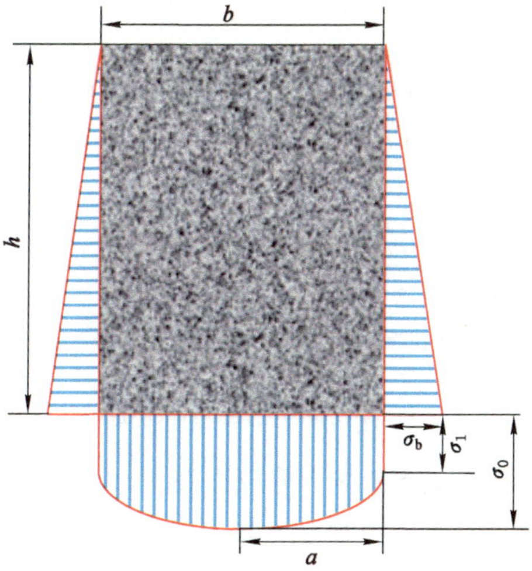

图 3-34 破碎矸石侧向和底部受力分布

式中，σ 为破碎矸石垂向受力，MPa；μ 为破碎矸石间的摩擦系数；b 为缸筒直径，mm；x 为垂向受力计算点到缸筒中心的距离，mm。

进一步假设其他颗粒与颗粒 j 有 m 个接触，第 i 接触的接触力和接触面积分别为 P_i 和 S_i。以接触面 A 为研究对象，接触面受力分析如图 3-35 所示，接触面 A 受正应力和剪应力作用。

$$\sigma_A = \sum_{i=1}^{m} \sigma_i = \sum_{i=1}^{m} \frac{P_i}{S_i} \cos \alpha_i \tag{3-13}$$

$$\tau_A = \sum_{i=1}^{m} \tau_i = \sum_{i=1}^{m} \frac{P_i}{S_i} \sin \alpha_i \tag{3-14}$$

式中，α_i 为接触力作用方向与 A 面法线的夹角。

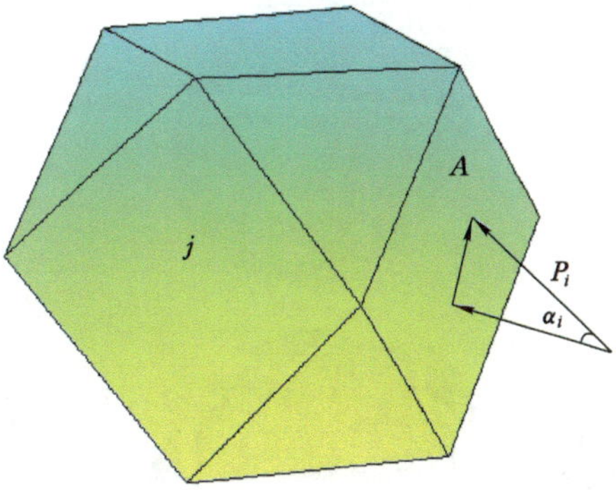

图 3-35 破碎矸石接触面上的作用力示意

通常情况下，矸石颗粒受到的压应力小于其破坏强度 $\sigma_{\rm d}$，颗粒间不会发生挤压破碎。但破碎矸石颗粒的棱角或边缘存在局部弱面，其破坏强度 $\sigma_{\rm dm}$ 小于颗粒上的压应力。破碎矸石棱角或边缘发生宏观挤压破碎，其应变为：

$$\varepsilon_1 = \sum_{k=1}^{K} \int (\sigma_{\rm im}^k - \sigma_{\rm dm}^k) {\rm d}\delta_k \tag{3-15}$$

式中，σ_{im}为接触压应力；σ_{dm}为破坏强度；δ_k 为应变与压应力的比值；K 表示发生挤压破碎的颗粒个数。

同样地，颗粒受到剪应力作用在接触面上产生切向应力 τ_k。由于切向应力的作用面积较小，可将其近似为均匀分布，切向应力对颗粒 j 产生的力矩为：

$$M_k = \tau_k r_k \varepsilon_k \tag{3-16}$$

式中，r_k 为颗粒重心距离接触面的力矩半径，mm。

通过颗粒重心某一局部坐标（$\xi\eta$ 平面）的力矩一般不为零，因此，破碎矸石在力矩作用下逐渐向薄弱空间发生滑移或转动，进而充填矸石空隙。其变形总量为：

$$\varepsilon_2 = \sum_{k=1}^{K}\int M_k(\xi_k \mathrm{d}\theta_\xi + \eta_k \mathrm{d}\theta_\eta) \tag{3-17}$$

式中，ξ_k，η_k 为局部坐标投影系数，分别等于剪应力在平面 ξ 和 η 上的投影值与原始值的比值；θ_ξ，θ_η 分别为应变与剪应力在平面 ξ 和 η 上的比值。

破碎矸石瞬时压实变形的总应变为：

$$\varepsilon = \varepsilon_1 + \varepsilon_2 \tag{3-18}$$

由式(3-18)可知：破碎矸石瞬时压实时，滑移充填空隙引起的变形大于挤压破碎引起的变形，即细颗粒充填空隙是破碎矸石瞬时压实变形的主要原因。

破碎矸石在轴向压力作用下逐渐压缩变形，试样空隙体积减小。随着轴向压力的增加，矸石颗粒发生分解细化、滑动移位及结构调整，破碎矸石整体体积减小。矸石颗粒发生破碎的类型如图 3-36 所示，主要分为整体破裂、局部破碎和表面研磨三类。原生矸石蕴含着大量结构缺陷，在轴向压力作用下整体分解破裂，如图 3-36(a)所示；当矸石颗粒棱角是点接触时，接触位置容易发生应力集中，从而导致颗粒局部破碎，如图 3-36(b)所示；当矸石颗粒轮廓规整、表面粗糙时，在轴向压力作用下颗粒相互挤压研磨，其外形规则、表面光滑，如图 3-36(c)所示。

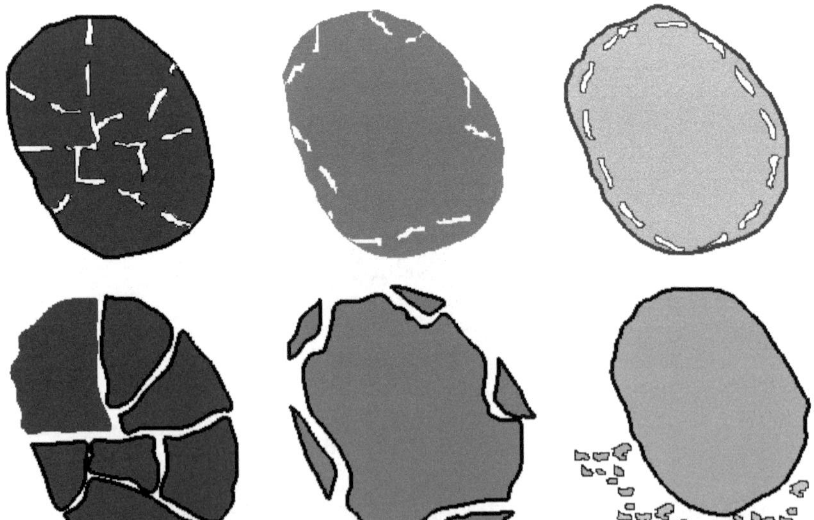

(a) 整体破裂　　(b) 局部破碎　　(c) 表面研磨

图 3-36　矸石颗粒破碎类型

轴向压力加载初期破碎矸石压密，且变形特征明显，矸石颗粒发生滑移填充，伴有少量边缘棱角挤压细化，小颗粒对矸石空隙的填充不充分，试样整体变形处于相对稳定状态。随着轴向压力的逐渐增大，矸石颗粒压缩变形以挤压破碎、排列调整为主，压缩变形速率缓慢，当破碎矸石的粒径分布达到理想状态时，颗粒结构稳定而难以发生滑动移位、二次破碎，试样变形将趋于稳定。

4 破碎矸石压实变形的颗粒流数值模拟

破碎矸石在承受上覆岩层压力时空隙孔隙逐渐压密，颗粒发生旋转、滑移、破碎；而矸石块体间的咬合作用抑制旋转滑移，影响破碎矸石的压实变形特性。第 2 章和第 3 章分别通过试验获得了矸石材料基础物理力学属性与散状矸石宏观压缩变形特征，本章拟采用数值模拟手段对破碎矸石压实变形机理进行研究。基于破碎矸石的边界轮廓特征，提出散状矸石块体精准建模方法，建立基于真实形状的破碎矸石压缩变形可视化数值模型。首先标定破碎矸石材料的细观参数，并依次开展破碎矸石压缩变形的颗粒流模拟试验，研究粒径级配、轴向压力对破碎矸石压实过程中空隙率、应力-应变、颗粒破碎、力链分布等演化规律的影响，进而从细观角度揭示破碎矸石的压缩变形机理。

4.1 破碎矸石颗粒生成方法

4.1.1 矸石边界轮廓提取

通过第 2 章所述的破碎矸石材料制备可知，破碎矸石的形状复杂多变，表面凹凸不平、棱角分明，简单采用球颗粒代替矸石块体难以准确模拟介质材料的压缩变形特性。因此，为了构建真实形状的破碎矸石颗粒流数值模型，采用 TY-130 型双目三维轮廓扫描仪提取不同形状的矸石块体边界轮廓，为生成不规则矸石块体模型提供基础参数，如图 4-1 所示。

图 4-1 破碎矸石试样图像

4.1.2 破碎矸石生成流程

煤层开采后上覆岩层弯曲变形、破断垮落至采空区，破碎矸石在采动应力作用下发生滑动移位与挤压破碎，矸石块体的承载性能随着空间结构演化表现出不同的特征。

PFC^{3D}软件的基本单元是表面圆润光滑的刚性球，无法模拟颗粒的 Clump 刚性块体模型等现象。为了建立真实形状的矸石块体颗粒流模型，通过 Geometry import 命令建立不同形状矸石的 Clump 模板，然后采用 Cluster 命令实现矸石颗粒的破碎，破碎矸石的生成流程如图 4-2 所示。

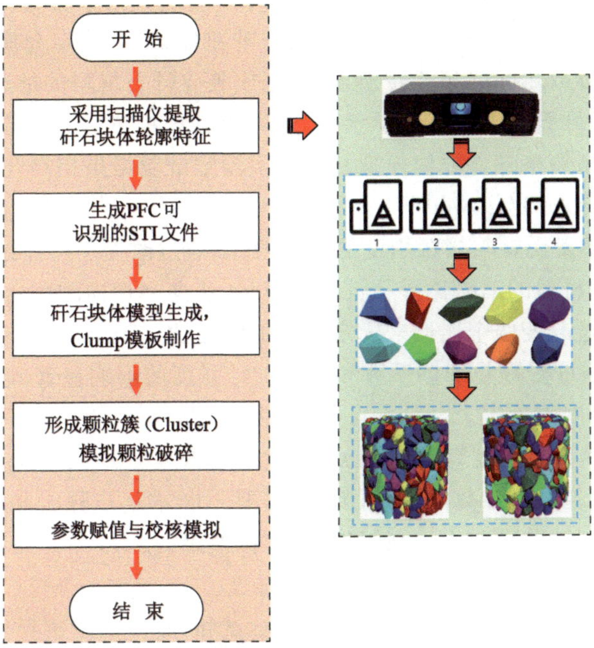

图 4-2　破碎矸石生成流程

① 通过三维轮廓扫描试验得到不同形状矸石的三维数字化模型，为生成真实形状的矸石块体提供约束空间。

② 将不同形状的矸石边界轮廓文件导入 PFC 软件，并设置约束空间的大小，采用 Pebble 命令不断调整填充约束空间，Pebble 是模拟计算的中间产物；Clump 模型基本还原了破碎矸石的真实形状，可以模拟破碎矸石压实变形过程的棱角挤压咬合与应力集中现象，清晰地反映介质材料滑动移位、挤压变形的动态过程。

③ 模拟时 Clump 模型自身不会发生变形破碎，挤压破碎通过替换法实现。第一步编写可以识别所有 Pebble 位置的 Fish 函数，第二步编写球颗粒替换 Pebble 的命令流，第三步建成颗粒簇模型。本次模拟分析也是通过上述替换法产生矸石压实过程的破碎现象。

借助三维轮廓扫描仪获取破碎矸石边界数字化三维模型，选用 Pebble 组合形成 Clump 集合块体，可以真实反映矸石块体外观形态及棱角间的咬合作用；确定所有 Pebble 的位置坐标，用 Ball 替换 Pebble，从而保留矸石颗粒的外观形态。该方法可以有效模拟矸石颗粒压实过程的旋转滑移与挤压破碎现象，较真实地反映煤矿采空区矸石在采动应力下的动态变形过程。

4.2 破碎矸石压实变形颗粒流模拟方案

4.2.1 破碎矸石细观参数标定

由于 PFC^{3D}软件的颗粒介质具有离散性、非连续性和非均匀变形等特点，物理材料的宏观力学参数不能直接进行赋值，数值模型的细观参数反映物理材料的宏观属性，然而两者之间并非存在简单直观的一一对应关系，细观参数的标定选取是数值模拟的关键。细观参数决定颗粒的变形与强度，因此，通过相应单轴或三轴数值试验，确定介质细观参数与宏观参数的关系，掌握两类参数之间的相互转换，即可完成破碎矸石材料的细观参数标定。

结合试验得到的矸石基本物理力学参数，采用单轴压缩试验和劈裂试验进行颗粒细观参数的标定；通过不断调整各参数使模拟结果与实验室试验结果相吻合，进而确定破碎矸石的细观参数。细观参数标定步骤如下：

① 材料的弹性模量受颗粒接触刚度的影响较大，通过改变平行黏结模量和接触模量来标定模型弹性模量。材料的泊松比受平行黏结模量、法向和切向刚度比、法向和切向接触刚度比的影响较大，通过改变两个比值来标定模型的泊松比。

② 材料的峰值强度受颗粒摩擦系数和平行黏结强度的影响显著，通过不断改变黏结强度来完成模型峰值强度的标定。

③ 黏结强度与模型裂纹发育密切相关，通过不断改变黏结强度确定裂纹萌生应力，但是改变黏结强度会引起其他参数的变化，因此，需要不断重复步骤①和②，寻找满足要求的黏结强度，确定最优裂纹萌生应力，达到最佳的模拟效果。

④ 通过不断改变摩擦系数来标定模型残余强度。

试错法通过间断或连续地改变参量，不断地尝试和评价，确定达到目标的最佳途径。试错法获得的破碎矸石细观参数基本还原了介质材料基本力学性质，满足数值模拟要求。破碎矸石细观参数标定结果如表 4-1 所示。

表 4-1 破碎矸石细观参数

细观参数名称	数值	细观参数名称	数值
抗拉强度/MPa	30	颗粒摩擦系数	0.38
内聚力/MPa	5	接触刚度比	1.2
黏结刚度比	1.2	接触模量/GPa	25
黏结模量/GPa	15	抗拉强度标准偏差/MPa	0.05

4.2.2 破碎矸石颗粒流模拟方案

选用 PFC^{3D}软件中的墙体(Wall)命令，建立数值模型的圆柱形边界，用球(Ball)构成的颗粒簇(Cluster)填充模型边界，形成三维颗粒流模型。为了更好地模拟实验室缸筒中矸石颗粒状态，给矸石颗粒施加重力加速度进行预压处理，预压结束后将颗粒速度清零，重新按照标定的细观参数进行赋值模拟。试验模型包括加压板、墙体和破碎矸石三部分，设置墙体刚度为颗粒强度的 10 倍，防止轴向压力作用下颗粒飞出墙体。破碎矸石压实变形颗粒流模拟方案如表 4-2 所示，破碎矸石岩性为夹矸，试验因素为轴向压力和粒径级配，主要研究不同粒径破碎矸石在不同轴向压力下的颗粒运动、压缩变形、力链分布等细观组构演化特征。编写 Fish 语言自动保存不同加载阶段的文件，用 History 命令记录加载全程的应力-应变数据，以便于后期的数据处理。

表 4-2　破碎矸石压实变形颗粒流模拟方案

试验编号	岩性	粒径级配/mm	轴向压力/MPa	试验编号	岩性	粒径级配/mm	轴向压力/MPa
1	夹矸	0～10	2.5	9	夹矸	0～10	7.5
2	夹矸	10～20		10	夹矸	10～20	
3	夹矸	20～30		11	夹矸	20～30	
4	夹矸	0～30		12	夹矸	0～30	
5	夹矸	0～10	5	13	夹矸	0～10	10
6	夹矸	10～20		14	夹矸	10～20	
7	夹矸	20～30		15	夹矸	20～30	
8	夹矸	0～30		16	夹矸	0～30	

根据表 4-2 所示的破碎矸石压实变形模拟方案，建立如图 4-3 和图 4-4 所示的颗粒流三维数值模型。模型中相同 Cluster 的球颗粒间选用平行黏结模型，不同 Cluster 的球与球、球与墙体间选用线性接触模型。将 Clump 模型转化为 Cluster 模型，能够模拟矸石颗粒棱角凹凸起伏的真实形状，反映破碎矸石压实过程的挤压咬合与变形破碎特征。

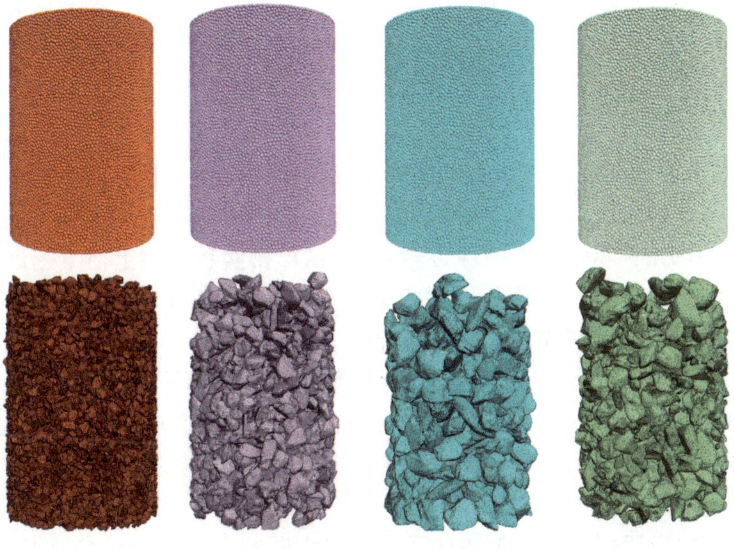

(a) 0~10 mm　(b) 10~20 mm　(c) 20~30 mm　(d) 0~30 mm

图 4-3　破碎矸石颗粒流模型——Clump

(a) 0~10 mm (b) 10~20 mm (c) 20~30 mm (d) 0~30 mm

图 4-4 破碎矸石颗粒流模型——Cluster

4.3 破碎矸石压实变形特性及影响因素分析

岩土材料内部裂纹的萌生、扩展和断裂与整体结构的承载稳定性密切相关。系统开展破碎矸石压实变形颗粒流模拟试验,通过颗粒簇黏结模型的断开情况可直接观察矸石破碎情况。第 3 章研究发现,粒径级配、轴向压力是影响破碎矸石压实变形的主要因素。因此,该部分主要研究粒径级配、轴向压力对不同形状破碎矸石整体变形、颗粒破碎等宏细观力学特征的影响。

4.3.1 破碎矸石压实整体变形

不同粒径的破碎矸石在轴向压力下整体变形特征如图 4-5 所示。由图 4-5 可知:

① 破碎矸石在轴向压力作用下逐渐压密,加载初期破碎矸石呈松散状态,颗粒间空隙大;随着轴向压力的增大破碎矸石空隙逐渐减小,试样密实程度自上而下逐渐增大。这是由于模型的墙体刚度远大于破碎矸石,墙体约束矸石发生侧向位移,随着轴向压力的不断增大破碎矸石轴向变形变缓,试样整体结构趋于稳定。

② 轴向压力作用下碎矸石竖向运动表现为顶部大于底部的特征,原因在于顶部矸石颗粒最先受到轴向压力作用,竖向位移量大。随着破碎矸石轴向变形的逐渐增加,同层位的破碎矸石竖向运动存在差异,矸石颗粒在发生竖向运动的同时也发生侧向挤压滑移,粒径越大挤压滑移现象越明显。

③ 粒径级配对破碎矸石压实整体变形具有较大影响。当粒径级配为 0～10 mm 时,试样初始状态空隙小、密实程度高,在轴向压力作用下整体变形较小;当粒径级配为 20～30 mm 时,试样初始状态空隙大、密实程度低,轴向压力作用下破碎矸石压缩变形明显。从图中不难看出,小粒径(0～10 mm)矸石颗粒有序排列,在轴向压力下挤压破碎形成密实结

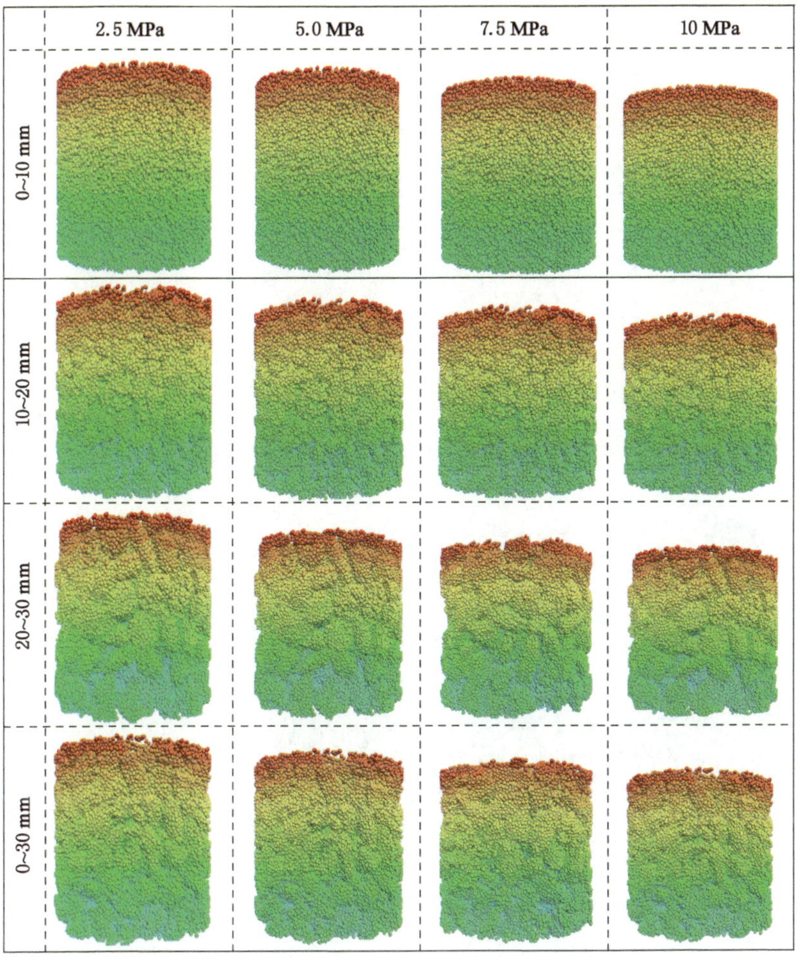

图 4-5　不同粒径破碎矸石在轴向压力下的整体变形

构;大粒径(20～30 mm)矸石颗粒杂乱排列,在轴向压力下发生回转滑移、挤压破碎,不断调整位态,最终形成相对稳定的空间结构。

4.3.2　破碎矸石空隙时空分布特征

煤矿采空区破碎矸石空隙形态多样,空间分布无序,空隙间相互连通形成复杂的网状结构。数值模拟发现初始状态下破碎矸石存在大量空隙,相邻空隙连通,随着轴向压力逐渐增大破碎矸石初始空隙压密闭合。这是由于轴向压力打破了破碎矸石的初始平衡结构,矸石颗粒不断发生回转滑移、挤压破碎,从而导致试样空隙率逐渐降低。为了分析不同轴向压力下破碎矸石的空隙时空演化特征,将破碎矸石数值模型自上而下切片,分别表示不同层位的空隙特征,切片层位如图 4-6 所示。

数值模型图像空隙的提取比较复杂烦琐。为了提高工作效率,课题组开发了基于 MATLAB 图像识别技术的破碎矸石单轴压缩颗粒流图像处理系统 V1.0,该系统可以快速有效计算出图像的空隙率与分形维数,系统操作界面如图 4-7 所示。

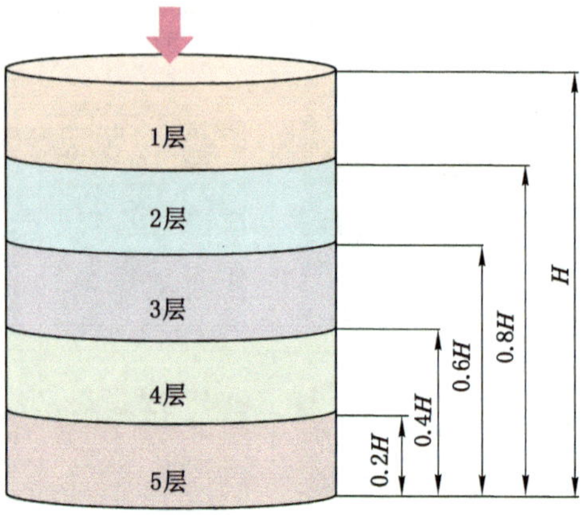

图 4-6　破碎矸石试样不同位置切片示意图

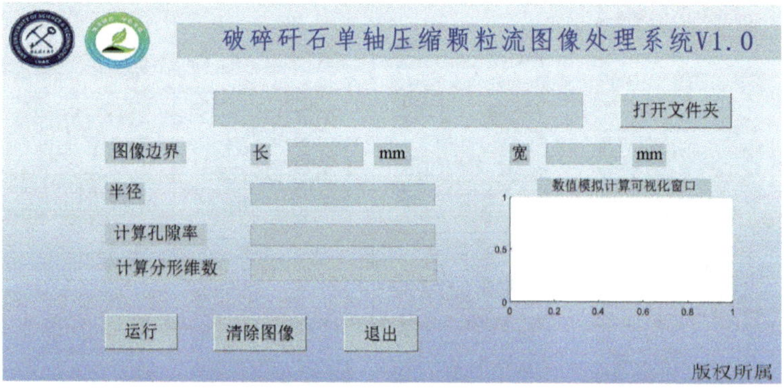

图 4-7　破碎矸石单轴压缩颗粒流图像处理系统

以粒径级配为 0～30 mm 的数值模型试样为例，不同轴向压力下破碎矸石试样空隙率时空分布特征如图 4-8 所示。

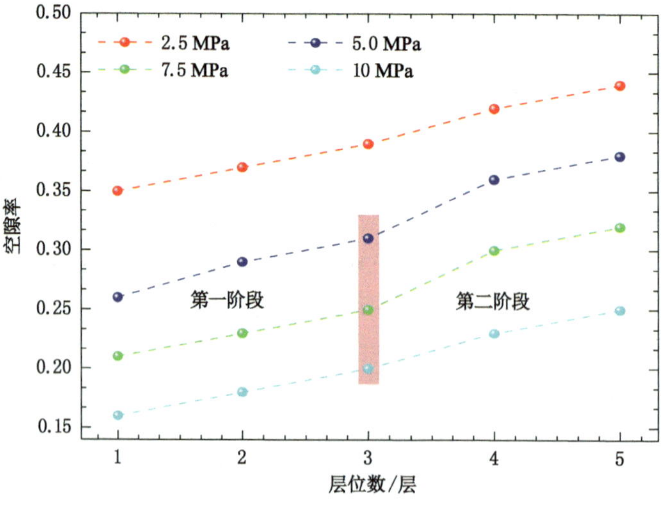

图 4-8　破碎矸石试样不同层位空隙率分布特征(0～30 mm)

由图 4-8 可得：破碎矸石在相同轴向压力下不同层位的空隙率呈现一定规律。整体而言，破碎矸石空隙率自上而下逐渐增大，即试样的密实程度逐渐降低；随着轴向压力的增大，破碎矸石底部空隙率与顶部空隙率的差值越来越大。这是由于试样在压缩过程中，顶部矸石最先受到轴向压力作用，载荷自上而下传递至底部，从而导致顶部矸石破碎滑移程度大于底部，空隙结构的压缩填充表现出自上而下减小特征。破碎矸石不同层位空隙率随轴向压力逐渐增大呈现阶段性特征，第一阶段破碎矸石试样顶部至中部的空隙率变化幅度小，第二阶段试样中部至底部的空隙率变化幅度较大。

破碎矸石试样空隙在轴向压力作用下经历压缩、填充、闭合过程，粒径级配是影响试样骨架结构和初始空隙的主要因素。根据图 4-6 所示的模型切片示意，获得轴向压力下不同粒径级配的破碎矸石空隙演化特征，如图 4-9 所示。

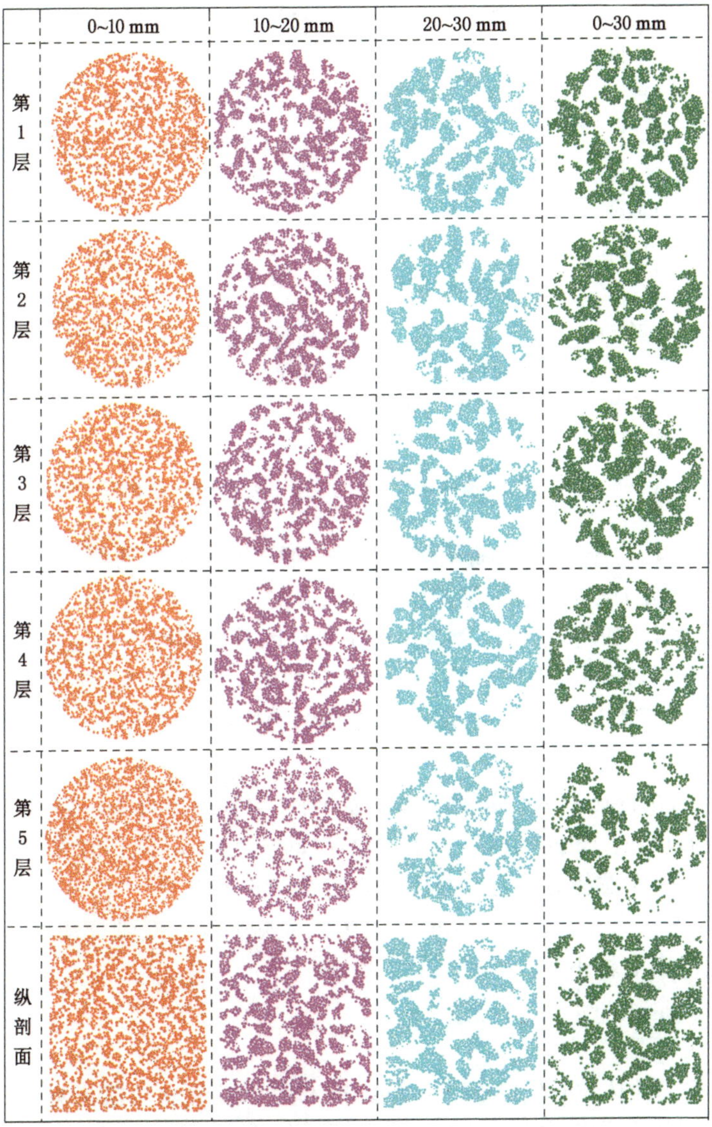

图 4-9 不同粒径级配下破碎矸石试样的空隙演化特征

由图 4-9 可得：不同粒径级配的破碎矸石空隙率演化存在差异。小粒径（0～10 mm）矸石的空隙分布均匀，空隙数量多、体积小、连通性好；大粒径（20～30 mm）矸石空隙数量多、体积大；连续级配（0～30 mm）矸石空隙分布不均匀，空隙数量多、体积大。这说明不同粒径的矸石混合将降低整体空隙的均匀性与连通性，小粒径矸石含量对破碎矸石空隙影响显著。这是由于轴向压力下小粒径矸石运动活跃，易发生回转滑移而填充大粒径矸石形成的空隙，进而导致试样整体空隙体积减小，均匀性降低。

基于开发的破碎矸石单轴压缩颗粒流图像处理系统，对不同粒径破碎矸石试样不同层位空隙进行提取，并求其平均值，获得了破碎矸石轴向压力、轴向应变、粒径级配和空隙率间的函数关系，如图 4-10 所示。由图 4-10 可得：

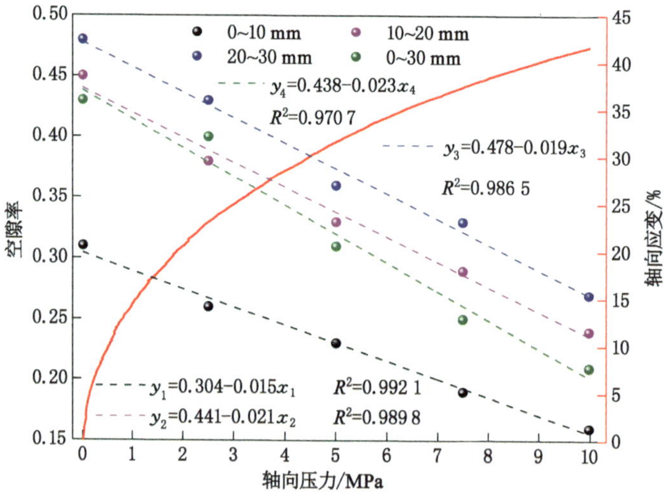

图 4-10 破碎矸石试样轴向压力、轴向应变、粒径级配、空隙率间的关系

① 破碎矸石的轴向压力-应变曲线呈非线性，随着轴向压力的增大矸石的变形速率逐渐减小，最终趋于稳定；破碎矸石空隙率随轴向压力的增大而减小，两者具有较好的线性关系。低轴向压力（≤2 MPa）下，空隙率减小的主要原因是破碎矸石的压缩变形；高轴向压力下，空隙率变化对试样压缩变形影响较小。这表明加载初期试样变形机理简单，主要由初始空隙压缩引起；加载后期试样变形机理复杂，内部结构不断优化导致空隙率降低、压缩变形趋于稳定。

② 不同粒径级配的破碎矸石初始空隙率差异较大，轴向压力下试样大空隙压缩为小空隙或被小粒径矸石填充。相同轴向压力下大粒径（20～30 mm）矸石的空隙率减小幅度大于小粒径（0～10 mm），大粒径矸石的空隙体积与连通性变化明显，小粒径颗粒自由度高、运动活跃，容易迁移填充到大粒径矸石形成的空隙中。可见破碎矸石试样压缩变形时小空隙对整体空隙率变化的影响较小。

4.3.3 破碎矸石运动时空分布特征

轴向压力下矸石块体空间位置不断发生变化，利用 PFC 颗粒流模拟监测不同应力状态下的矸石块体位置，得到不同轴向压力下破碎矸石运动矢量，如图 4-11 所示。由图 4-11 可得：

① 在压缩变形过程中，破碎矸石试样空间各区域的运动程度存在差异，相邻（近）颗粒

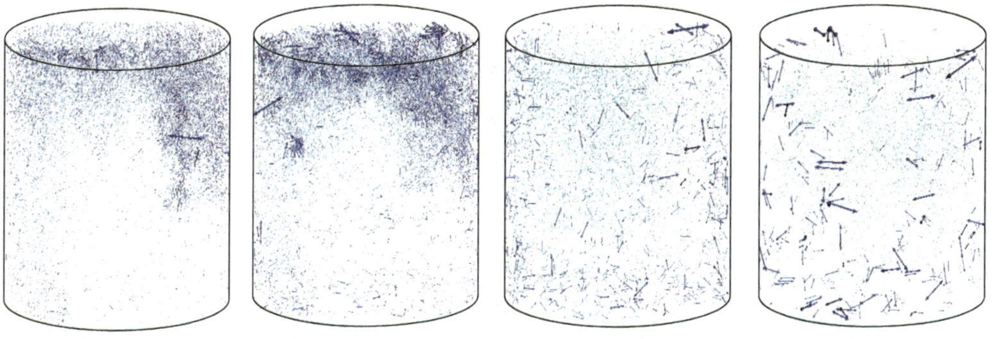

(a) 2.5 MPa　(b) 5 MPa　(c) 7.5 MPa　(d) 10 MPa

图 4-11　不同轴向应力下破碎矸石运动矢量

的运动程度也不相同。矸石块体的位移随轴向压力的增大而增大，低轴向压力下底部区域矸石块体位移小，顶部区域位移大，试样整体自上而下位移逐渐减小。

② 破碎矸石颗粒的运动路径复杂多变，颗粒发生竖向位移的同时也存在侧向位移，由于缸筒的侧向约束效应破碎矸石具有向中心运动趋势。外部载荷作用下颗粒运动是破碎矸石压缩变形的主要因素，不同粒径、不同形状的矸石块体相互接触嵌入形成破碎矸石集合体，在压缩变形过程中颗粒不断运动改变相互接触关系，矸石块体运动使得试样整体结构逐渐向更加稳定的状态发展。

4.3.4　粒径级配对破碎矸石细观结构的影响

粒径级配是影响破碎矸石初始空隙的主要因素，级配合理的破碎矸石既存在大粒径矸石形成的骨架，又有小粒径矸石相互配合填充试样空隙，从而提高整体的抗变形能力。在颗粒流数值模型中，采用力链表示颗粒间的相互作用，破碎矸石整体形成骨架力链。当接触力大于平均接触力时相邻颗粒形成网状结构，即骨架力链，其承载了破碎矸石所受的大部分载荷。不同粒径破碎矸石的力链分布如图 4-12 所示，图中粗细线条表示接触力的大小。由图 4-12 分析可知：

① 初始状态下破碎矸石呈松散状，颗粒间接触不充分，矸石颗粒随机分布，没有形成骨架力链。随着轴向压力的作用破碎矸石逐渐压密，并伴有颗粒的滑动移位与挤压破碎，矸石颗粒结构由悬浮型逐渐向密实型转变，大粒径矸石相互咬合贯通形成骨架力链，力链结构最先出现在模型顶部，且具有自上而下扩展蔓延发展趋势；随着轴向压力增大破碎矸石的骨架效应更加明显，骨架结构也更加稳定。

② 粒径级配影响破碎矸石的骨架力链。小粒径(0～10 mm)破碎矸石初始密实程度好，轴向压力作用下矸石破碎压缩变形程度小；小粒径矸石充分填充颗粒空隙，形成较为稳定的骨架力链；小粒径矸石相互紧密接触，颗粒配位数增加，破碎矸石试样很难进一步发生压缩变形。大粒径(20～30 mm)破碎矸石初始密实性差，轴向压力作用下矸石颗粒结构不断发生失稳破坏与优化调整，整体稳定性增强，这与室内破碎矸石压实试验结果相一致。

③ 骨架力链是破碎矸石外部载荷的主要承载结构，矸石颗粒棱角区随着轴向压力增大最先出现应力集中而发生挤压破碎，从而使得破碎矸石块体滑动移位逐渐填充空隙，进而优

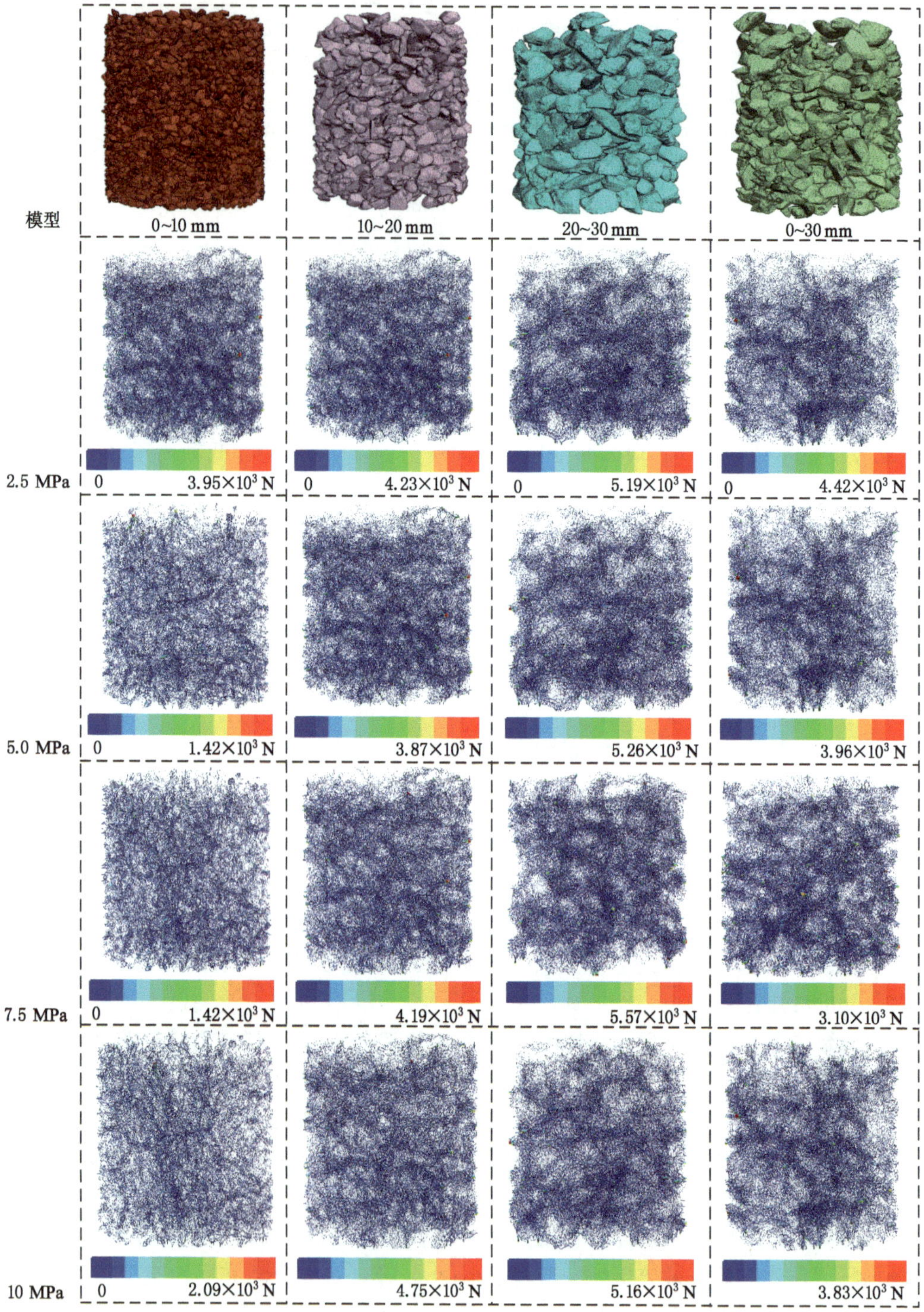

图 4-12　不同粒径的破碎矸石力链演化情况

化调整内部结构，整体的稳定性提高。这是由于小粒径矸石包裹大粒径矸石，大粒径矸石的配位数增加，破碎矸石整体空隙率减小、稳定性增强，进一步从细观角度分析解释了粒径级配的重要性。

颗粒流模拟过程中统计了不同粒径破碎矸石颗粒接触数量及最大接触力，如图 4-13 所示。由图 4-13 分析可知：

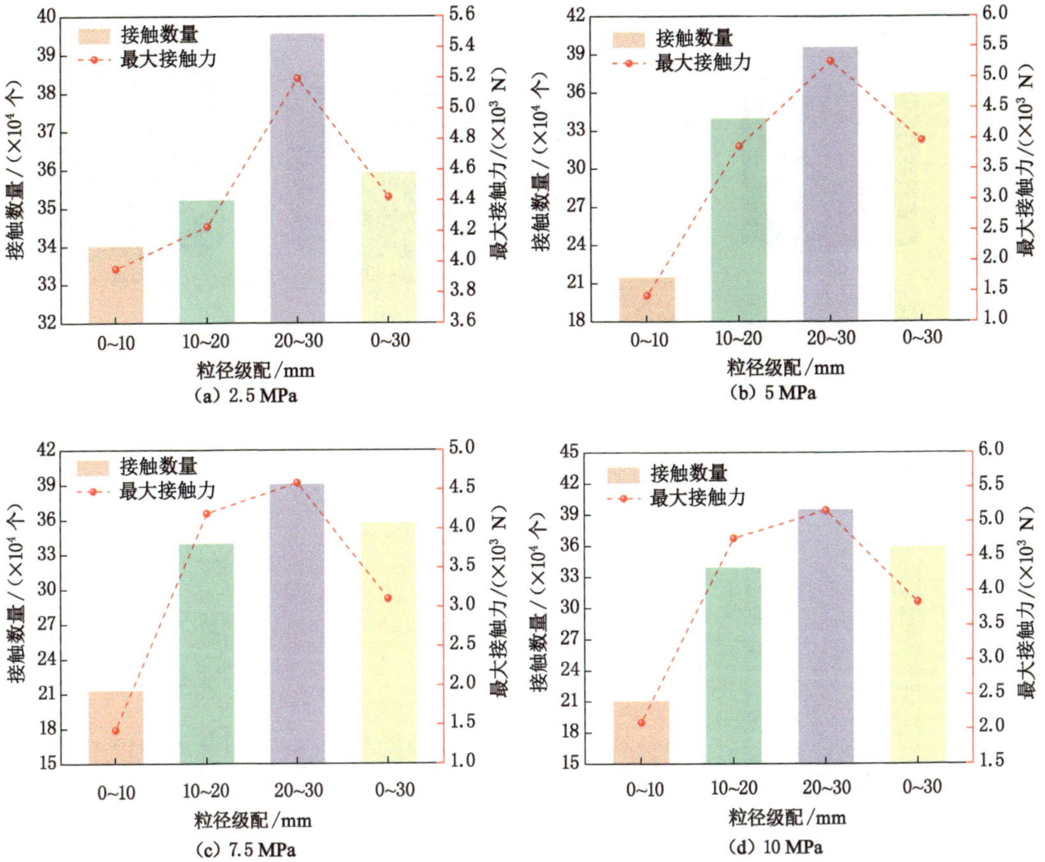

图 4-13　粒径级配对破碎矸石颗粒接触数量及最大接触力的影响

① 不同粒径破碎矸石颗粒接触总数存在差异，粒径级配 20～30 mm 的矸石接触总数最大，粒径级配 0～10 mm 的矸石接触总数最小。这是由于粒径级配为 0～10 mm 的破碎矸石表面积较小，颗粒间相互错动变形的空间小，大颗粒周围仅包裹少量小颗粒，从而使得小粒径级配的颗粒接触总数最小；粒径级配为 20～30 mm 的破碎矸石表面积大，小颗粒包在大颗粒周围，外载荷作用下颗粒棱角发生挤压破碎，颗粒接触总数进一步增大。

② 不同粒径破碎矸石的最大接触力整体呈现先增大后减小的变化趋势。2.5 MPa 轴向压力下 0～10 mm、10～20 mm、20～30 mm 和 0～30 mm 粒径试样的最大接触力分别为 3 951 N、4 231 N、5 194 N、4 223 N，5 MPa 轴向压力下 0～10 mm、10～20 mm、20～30 mm 和 0～30 mm 粒径试样的最大接触力分别为 1 425 N、3 871 N、5 261 N、3 969 N，10 MPa 轴向压力下 0～10 mm、10～20 mm、20～30 mm 和 0～30 mm 粒径试样的最大接触力分别为 2 099 N、4 759 N、5 161 N、3 838 N。可见相同轴向压力下合理粒径级配对破碎矸石整体稳定性影响显著。

破碎矸石试样在轴向压力作用下发生挤压变形、滑移破碎，最终形成稳定的空隙结构体。在 PFC 颗粒流数值模型中，当平行黏结键断开时认为矸石颗粒发生破碎，模型加载过程中通过 Fish 函数记录颗粒破碎数量及空间位置，获得不同粒径矸石块体的破碎特征，如图 4-14 所示。由图 4-14 分析可知：

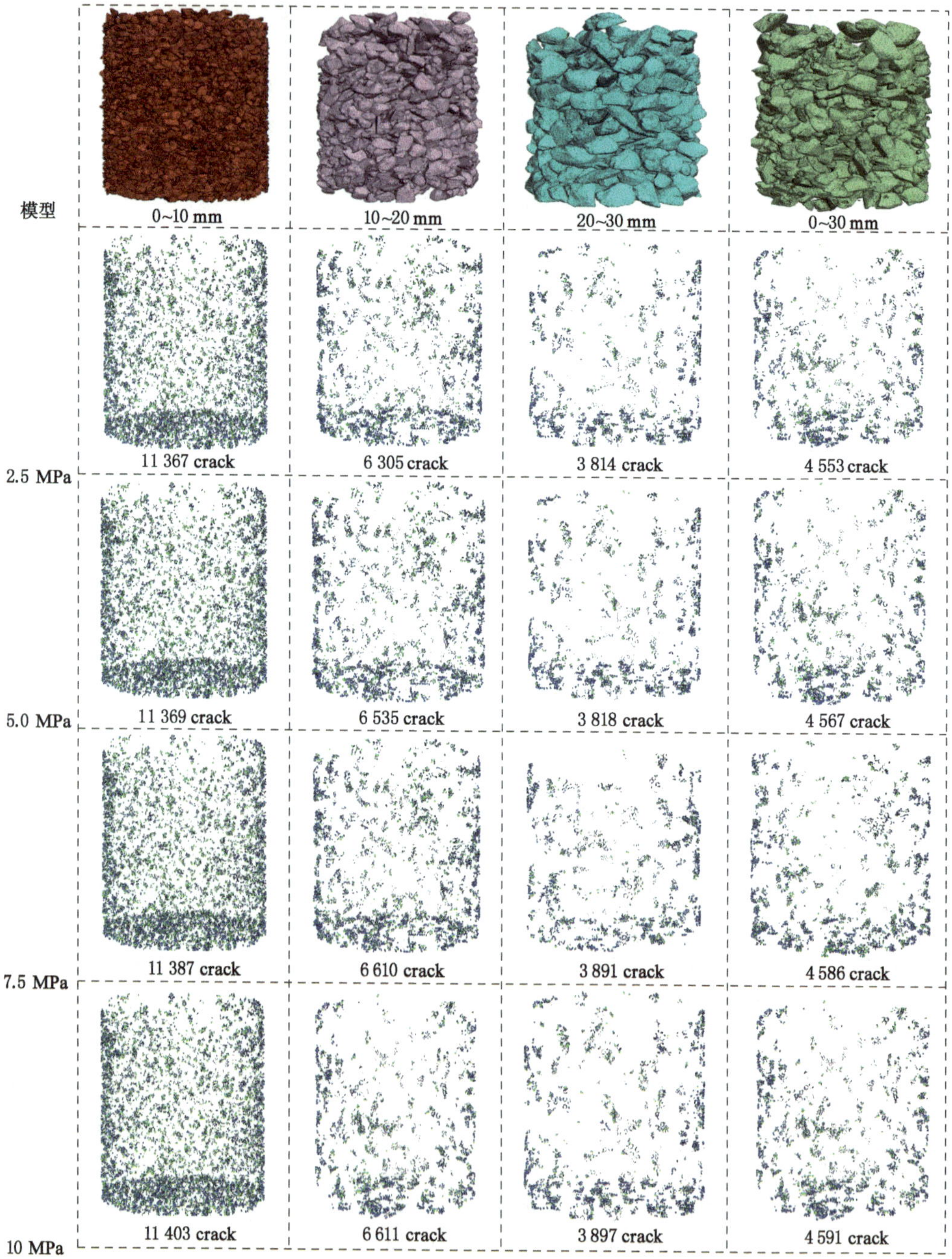

图 4-14　不同粒径破碎矸石试样块体破碎特征

① 不同粒径矸石块体在相同轴向压力作用下的破碎程度不同。如 2.5 MPa 轴向压力下小粒径(0～10 mm)矸石块体的破碎数量为 11 367,中等粒径(10～20 mm)矸石块体的破碎数量为 6 305,大粒径(20～30 mm)矸石块体的破碎数量为 3 814,可以发现矸石破碎总量与粒径呈负相关关系,即破碎矸石整体粒径范围越大块体破碎数量越多。这是由于轴向压力下大粒径矸石的级配数逐渐增大,抑制了颗粒破碎。但破碎矸石的力学稳定性与破碎数量无直接关系,在很大程度上取决于矸石颗粒的空间分布特征。

② 不同粒径矸石块体在相同轴向压力作用下的破碎特征空间分布不同。小粒径(0～10 mm)矸石块体底部和侧壁区域的颗粒破碎最明显,顶部次之,其他区域颗粒破碎量均匀分布;中等粒径(10～20 mm)矸石块体颗粒破碎分布均匀;大粒径(20～30 mm)矸石块体破碎程度低,主要集中在底部和侧壁区域,顶部颗粒少量破碎。轴向压力通过矸石块体的骨架结构传递,骨架结构中的矸石块体承担了大部分外载荷,破碎的小粒径矸石包裹大粒径矸石,大粒径矸石所受的载荷通过小粒径矸石传递,同时试验缸筒底座和侧壁的存在使得该区域矸石块体更易发生破碎。

颗粒流模拟过程中统计了不同粒径矸石的破碎类型,如图 4-15 所示。由图 4-15 分析可知:

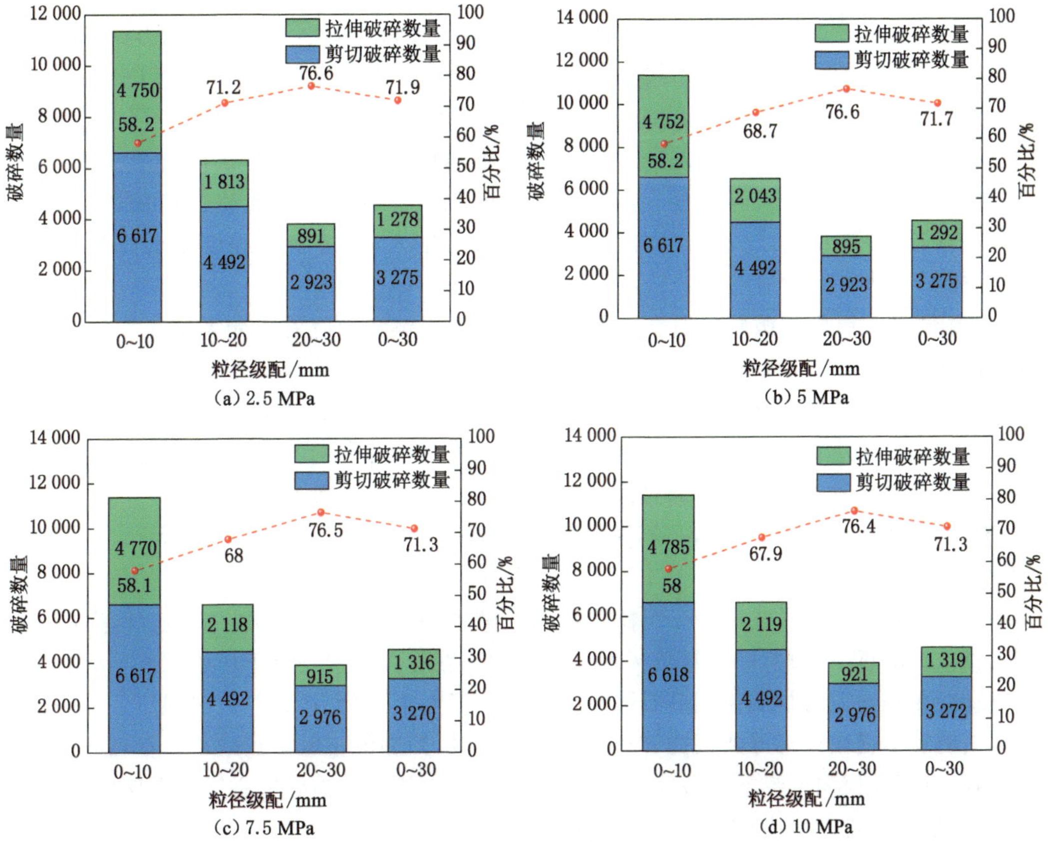

图 4-15 粒径级配对矸石颗粒破碎类型的影响

① 破碎矸石试样在轴向压力作用下逐渐破碎发育，颗粒破碎数量不断增多，但不同粒径的矸石块体在相同轴向压力作用下发生剪切破碎和拉伸破碎的数量存在差异，剪切破碎数量大于拉伸破碎数量，二者交错分布在试样内部，但破碎矸石的拉、剪破碎具有区域集中性。这是由于矸石颗粒棱角相互挤压出现应力集中，发生拉、剪破碎，外部载荷作用下颗粒与试验缸筒底部和侧壁接触时容易发生剪切破碎。

② 矸石块体剪切破碎数量占比排序为 20～30 mm＞0～30 mm＞10～20 mm＞0～10 mm。2.5 MPa 轴向压力下 0～10 mm、10～20 mm、20～30 mm 和 0～30 mm 粒径试样的剪切破碎数量分别为 6 617、4 492、2 923、3 275，5 MPa 轴向压力下 0～10 mm、10～20 mm、20～30 mm 和 0～30 mm 粒径试样的剪切破碎数量分别为 6 617、4 492、2 923、3 275，10 MPa 轴向压力下 0～10 mm、10～20 mm、20～30 mm 和 0～30 mm 粒径试样的剪切破碎数量分别为 6 618、4 492、2 976、3 275。可以发现，粒径级配对矸石块体的拉、剪破碎占比具有一定影响，剪切破碎占比呈现先增大后减小的特征。

4.3.5 轴向压力对破碎矸石细观结构的影响

轴向压力是影响破碎矸石空隙结构演变的主要因素。轴向压力作用下破碎矸石相互接触形成网状结构，网状结构是矸石颗粒间传递应力的主要通道。PFC 模型力链分为强弱两种，传递应力大于平均接触力的网状结构称为强力链，传递应力小于平均接触力的网状结构称为弱力链。结合图 4-12 分析不同轴向压力下破碎矸石的力链分布特征可得：

① 矸石颗粒的相互作用与轴向压力密切相关，相同轴向压力下破碎矸石试样不同层位的颗粒受力与网状结构存在差异。在较小的轴向压力下破碎矸石试样处于压密阶段，轴向压力未达到颗粒的破碎强度。在较大的轴向压力下矸石颗粒发生拉剪破碎，试样局部区域的网状力链变弱或失效。即随着轴向压力的增大，力链密集程度呈现先增后减的变化特征。

② 相同粒径级配的破碎矸石在不同轴向压力下力链分布存在一定差异。2.5 MPa 轴向压力下破碎矸石内部以弱力链为主，仅在试样侧壁和顶部存有少量强力链。5 MPa 轴向压力下破碎矸石试样部分弱力链演变为强力链，但试样中部和底部仍以弱力链为主。10 MPa 轴向压力下破碎矸石试样的强力链增多，强力链的方向与破碎矸石压缩变形方向基本一致。因此，轴向压力主要通过网状结构中的强力链自上而下传递应力。

统计了不同轴向压力下破碎矸石颗粒接触数量及最大接触力，如图 4-16 所示。由图 4-16 分析可知：

① 不同轴向压力下破碎矸石颗粒接触总数随轴向压力增大呈现先减小后增大的变化特征，粒径级配越不合理，矸石颗粒接触总数减小幅度越大。这是由于初始状态下矸石颗粒堆积松散，在轴向压力加载初期矸石颗粒以竖向变形为主，颗粒接触总数出现短暂的小幅度增大，随后发生横向变形导致试样部分颗粒失去接触，即颗粒接触总数减小。在轴向压力加载后期矸石颗粒横向变形达到极限，继续增大轴向压力相当于破碎矸石受到围压作用，颗粒再次发生运动的难度增大，颗粒间接触总数逐渐增加。

② 不同轴向压力下破碎矸石颗粒最大接触力随轴向压力增大呈现先减小后增大的变化特征。0～10 mm 的破碎矸石在 2.5 MPa、5 MPa、7.5 MPa、10 MPa 轴向压力作用下的最大接触力分别为 3 951 N、1 425 N、1 427 N、2 099 N，10～20 mm 的破碎矸石在2.5 MPa、

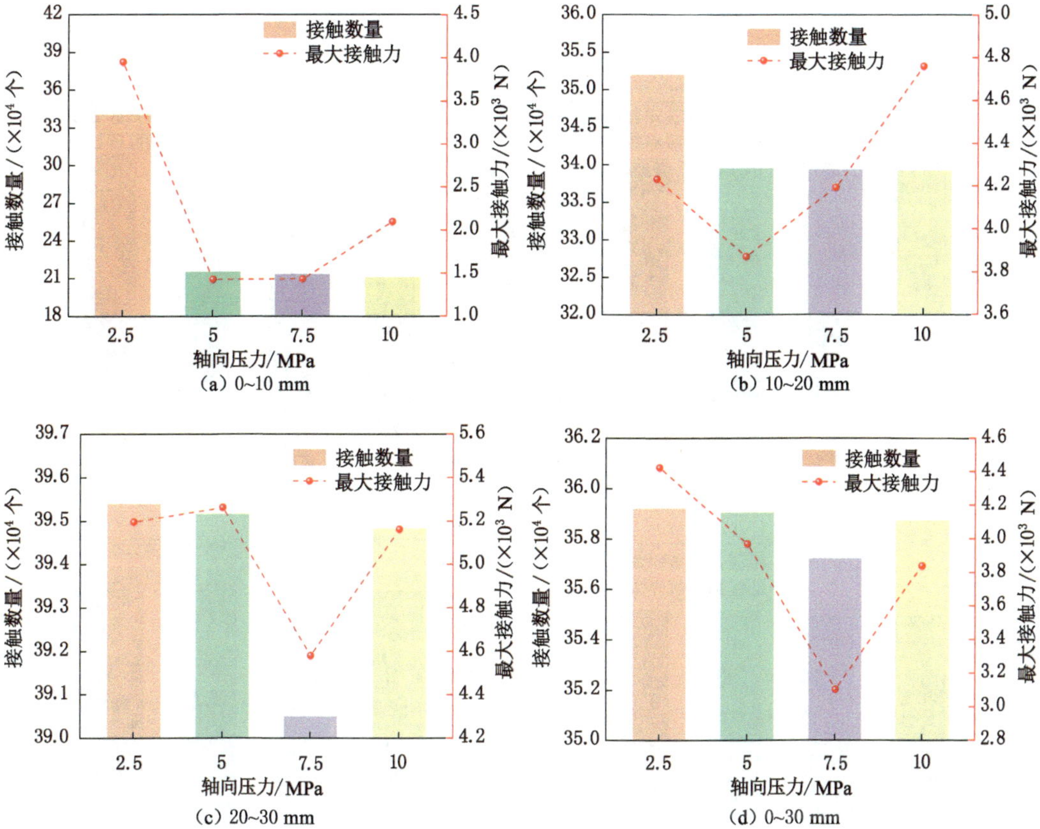

图 4-16　轴向压力对破碎矸石颗粒接触数量及最大接触力的影响

5 MPa、7.5 MPa、10 MPa 轴向压力作用下的最大接触力分别为 4 231 N、3 871 N、4 192 N、4 759 N，0～30 mm 的破碎矸石在 2.5 MPa、5 MPa、7.5 MPa、10 MPa 轴向压力作用下的最大接触力分别为 4 422 N、3 969 N、3 102 N、3 808 N。相同级配的破碎矸石在不同轴向压力下发生回转滑移与挤压变形，不断优化内部结构，颗粒最大接触力也随之发生改变。

矸石颗粒在轴向压力作用下发生明显的破碎，且棱角位置更易破碎，破碎后的小粒径颗粒填充试样的初始空隙。结合图 4-9 分析不同轴向压力下矸石块体的破碎特征可得：

① 不同轴向压力下矸石块体的破碎程度存在差异。0～10 mm 的矸石块体在 2.5 MPa、5 MPa、7.5 MPa、10 MPa 轴向压力下的破碎数量分别为 11 367、11 369、11 387、11 403；10～20 mm 的矸石块体在 2.5 MPa、5 MPa、7.5 MPa、10 MPa 轴向压力下的破碎数量分别为 6 305、6 535、6 610、6 611；20～30 mm 的矸石块体在 2.5 MPa、5 MPa、7.5 MPa、10 MPa 轴向压力下的破碎数量分别为 3 814、3 818、3 891、3 897。破碎矸石加载初期快速破碎，破碎后的小颗粒填充试样空隙，改善了试样整体的受力状态。

② 不同轴向压力下矸石块体的破碎空间分布不同。2.5 MPa 轴向压力下试样颗粒破碎均匀分布；5 MPa 轴向压力下试样颗粒破碎主要集中在底座和侧壁；10 MPa 轴向压力下试样颗粒破碎集中在底部。这是由于试样底部的端部效应，刚性底座和侧壁的强度远高于破碎矸石的强度，当矸石颗粒与刚性底座和侧壁接触时更易发生破碎。

颗粒流模拟过程中统计了不同轴向压力下矸石的破碎类型，如图 4-17 所示。由图 4-17 分析可知：

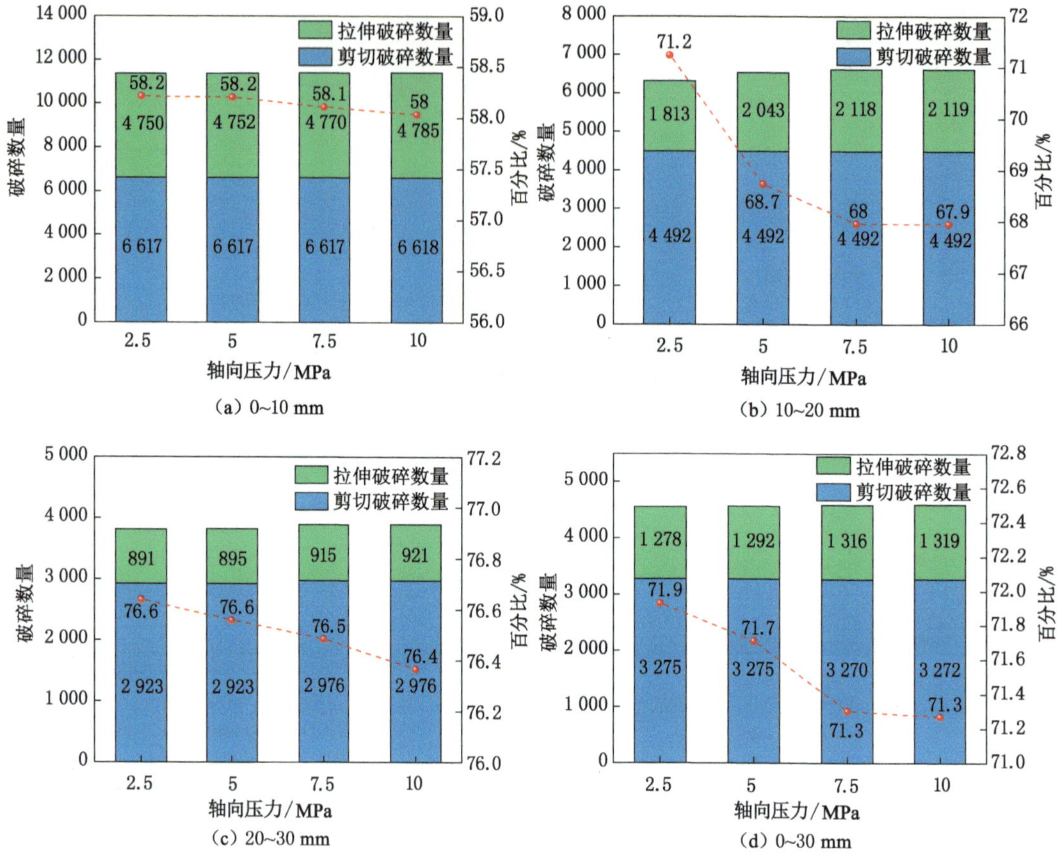

图 4-17　轴向压力对矸石颗粒破碎类型的影响

① 矸石颗粒的破碎与轴向压力呈正相关关系，轴向压力作用下小粒径颗粒大幅度增加，从而使大粒径颗粒周围的小粒径颗粒逐渐增加，矸石破碎所需的外部载荷大幅度提高，这进一步说明高轴向压力下矸石颗粒不完全破碎。随着外部载荷继续增大，大粒径颗粒周围的小粒径颗粒发生破碎，颗粒空间结构逐渐稳定，矸石颗粒基本不再发生破碎，只随着轴向压力的升高发生小变形而与邻近小颗粒接触，出现小幅度的破碎。

② 矸石颗粒发生剪切破碎的数量大于拉伸破碎。0～10 mm 的矸石块体在 2.5 MPa、5 MPa、7.5 MPa、10 MPa 轴向压力下的剪切破碎数量为 6 617、6 617、6 617、6 618，10～20 mm 的矸石块体在 2.5 MPa、5 MPa、7.5 MPa、10 MPa 轴向压力下的剪切破碎数量均为 4 492。即加载后期轴向压力对拉、剪破碎的总数影响较小，试样整体的拉剪破碎百分比相对稳定。

5 垮落带多源煤基固废注浆充填浆液扩散机理

采空区垮落带破碎矸石空隙注浆充填过程中浆液扩散运移受到注浆压力、空隙结构、浆液颗粒沉淀等多因素影响。充填浆液在破碎矸石空隙内的扩散具有隐蔽性和随机性，无法精准掌握浆液的动态扩散。第 3 章和第 4 章分别通过试验从宏观和细观角度研究了破碎矸石压缩过程的空隙结构演化特征，本章基于已有的研究成果与工程实践，开展室内注浆充填模拟试验，详细分析不同因素影响下破碎矸石注浆充填浆液扩散规律与机理，以期研究结果可以进一步补充和完善目前采空区垮落带破碎矸石注浆充填理论与技术。

5.1 注浆充填浆液的基本性质

多源煤基固废注浆充填的原材料为破碎煤矸石、粉煤灰和气化渣。试验材料的重金属含量如图 5-1 所示，对照《土壤环境质量 农用地土壤污染风险管控标准（试行）》（GB 15618—2018），气化渣中的重金属含量均低于土壤污染风险管控值，满足井下充填试验要求。

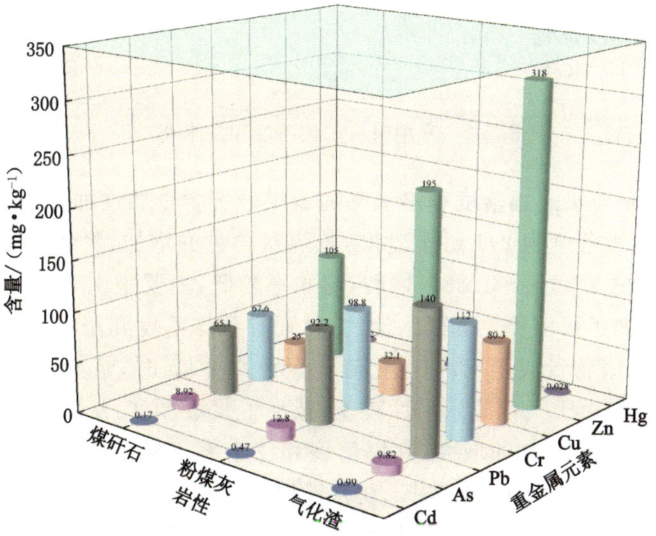

图 5-1 充填材料重金属含量

塌落度是衡量充填浆液流动性的重要指标，通过塌落度试验可测定充填浆液的流动性。泌水是浆液在运输、振捣、泵送过程中出现粗骨料下沉、水分上浮的现象，泌水率是衡量注浆充填效果的重要指标。试验分别对不同质量分数、不同充填材料含量下的浆液坍落度和泌水率进行测试,试验结果如图 5-2 所示。

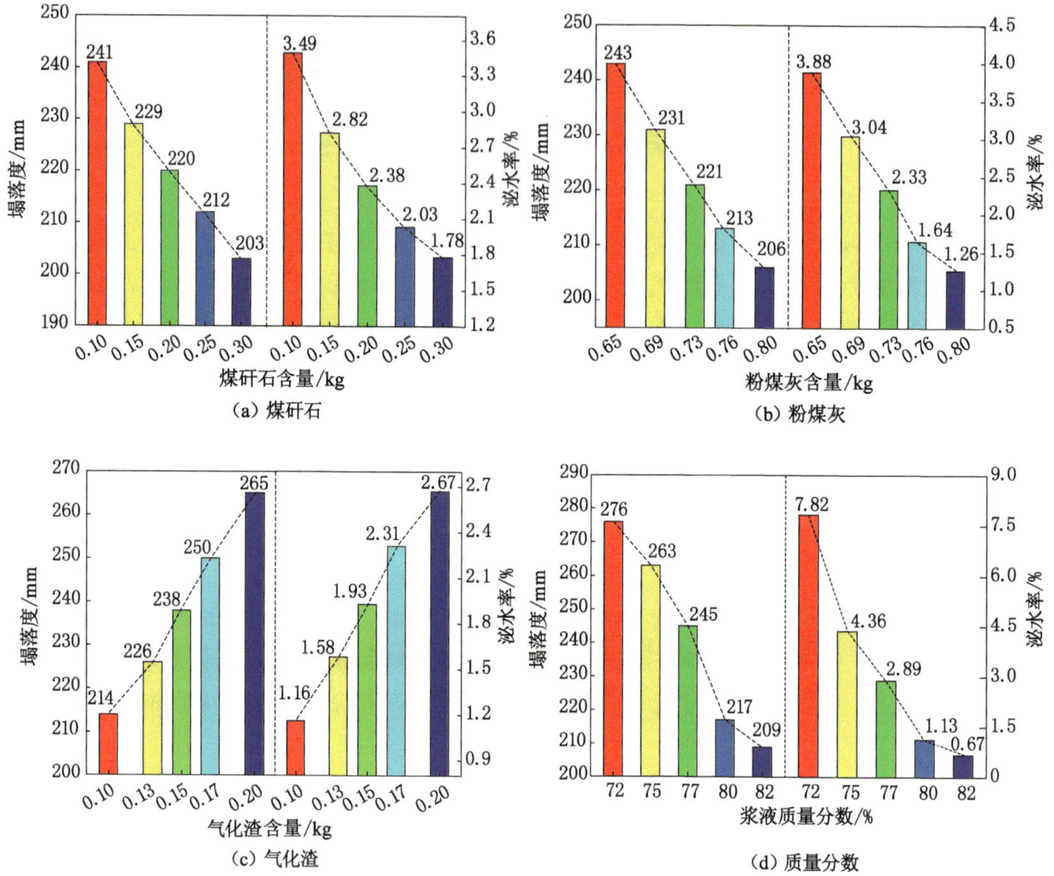

图 5-2 充填浆液的坍落度和泌水率

由图 5-2 可知:充填浆液坍落度和泌水率随着煤矸石含量的增加不断减小,当煤矸石含量为 0.1 kg 时,浆液坍落度为 241 mm。随着粉煤灰含量的增加,浆液坍落度和泌水率不断减小,浆液的泌水率在 1.26%～3.88%之间,泌水率较低,主要是由于粉煤灰含量的增加加剧了火山灰反应,增加了浆液稠度和固水能力,从而导致坍落度和泌水率减小。充填浆液坍落度和泌水率与气化渣含量成正比,当气化渣含量为 0.2 kg 时,浆液坍落度为 265 mm,泌水率为 2.67%,主要是由于气化渣亲水性较差,减小了浆液稠度,从而导致坍落度和泌水率增大。随着充填浆液质量分数的增大,其坍落度和泌水率不断减小,当质量分数从 72%增加到 82%时,浆液坍落度降低了 24.28%,泌水率降低了 91.43%,变化幅度较大,这是由于浆液质量分数增加,浆液的和易性降低,坍落度和泌水率减小。

根据充填浆液流动性测试结果,综合比较分析优选出煤矸石、粉煤灰、气化渣的质量比为 2∶7∶1,质量分数为 72%的浆液作为固废注浆充填材料,该种材料具有较好的流动性与和易性。

5.2 注浆充填浆液扩散规律试验

5.2.1 试验设备及流程

破碎矸石空隙浆液扩散模拟试验是不同粒径矸石堆积体的注浆充填试验。破碎体空隙注浆充填试验包括不同注浆压力下破碎体空隙注浆充填试验和不同粒径破碎体空隙注浆充填试验两种。研制的注浆充填模拟装置分为两部分:① 注浆系统;② 数据采集系统。便携式高压注浆泵和注浆管组成注浆系统,最高注浆压力为 21 MPa;数据采集系统为数显尺寸测量仪。试验所用岩样为不同粒径的破碎夹矸,注浆材料为制备的煤基固体废弃物充填料浆。破碎矸石注浆充填试验过程中,统计分析浆液的扩散范围与规律。注浆充填试验装置如图 5-3 所示。

图 5-3 破碎矸石注浆充填试验装置

破碎矸石空隙浆液扩散模拟试验,分别对不同粒径、不同注浆压力下破碎矸石体空隙的固废浆液充填扩散规律进行研究,采用控制变量法研究不同因素对浆液扩散及充填效果的影响。根据第 3 章和第 4 章所述的破碎矸石压实变形的宏细观试验研究结果,试验参数确定为不同粒径(0～10 mm、10～20 mm、20～30 mm、0～30 mm)、不同注浆压力(0.3 MPa、0.6 MPa、0.9 MPa、1.2 MPa)。试验流程如图 5-4 所示,步骤如下:

① 采用透明亚克力板制作试验筒(直径 160 mm、高度 200 mm);

② 制备不同粒径(0～10 mm、10～20 mm、20～30 mm、0～30 mm)的破碎矸石体;

③ 将不同粒径的破碎矸石分次装填试验筒;

④ 制备煤基固体废弃物充填料浆,并进行注浆充填试验;

⑤ 不同条件下破碎矸石空隙注浆充填扩散形态与规律研究。

5.2.2 骨料粒径对充填浆液扩散的影响

试验前在透明圆筒顶部边缘每隔 30°标记测点,分别对 0～10 mm、10～20 mm、20～

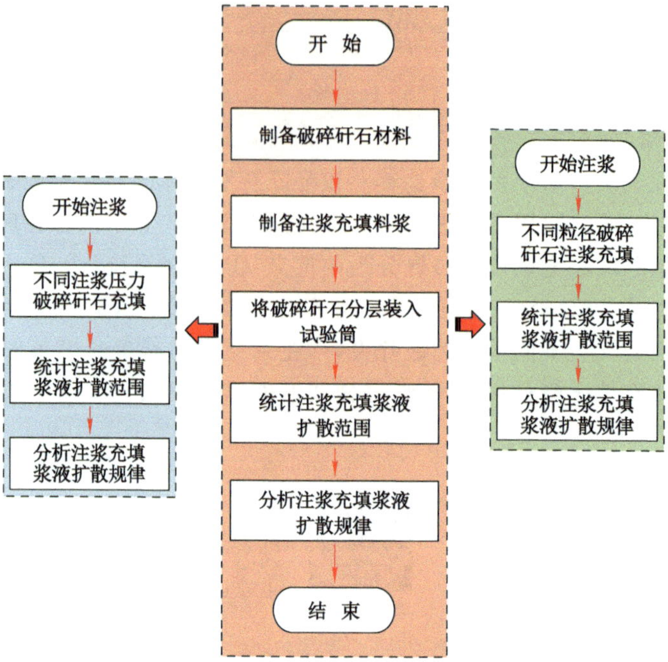

图 5-4　破碎矸石注浆充填试验流程

30 mm、0～30 mm 四种粒径的破碎矸石散体进行注浆充填试验，注浆压力为 1.2 MPa。注浆充填过程中测量不同时刻浆液扩散范围，当某一位置浆液水平扩散至透明圆筒边界时结束注浆。浆液扩散测量包括水平扩散测量和垂直扩散测量，平行于顶部密封盖平面的扩散称为水平扩散，垂直于顶部密封盖平面的下渗扩散称为垂直扩散。注浆结束后待浆液扩散稳定进行垂直扩散测量，试验步骤如上文所述。不同粒径破碎矸石注浆充填水平扩散如图 5-5 所示。

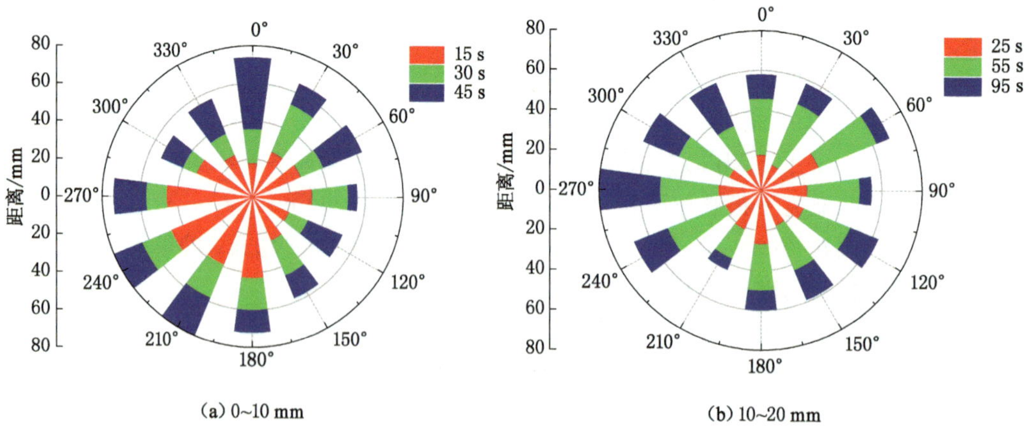

图 5-5　不同粒径破碎矸石注浆充填水平扩散

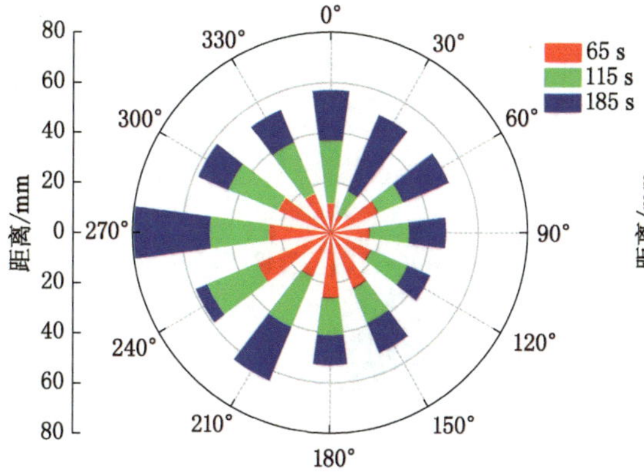

(c) 20~30 mm

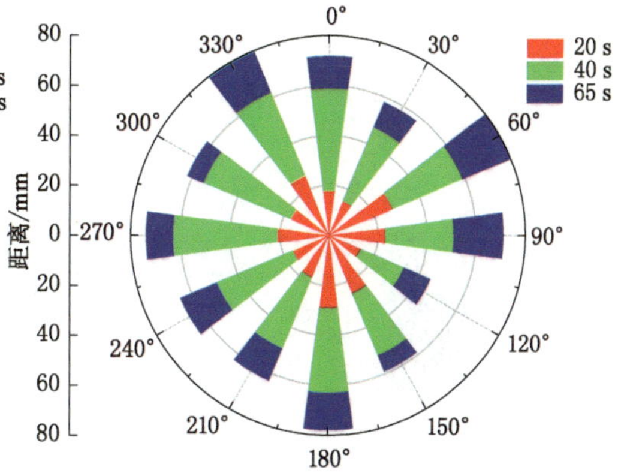

(d) 0~30 mm

图 5-5(续)

由图 5-5 可得:粒径级配对注浆充填浆液水平扩散时间有较大影响,但浆液扩散形态均为圆形或椭圆形。在图 5-5(a)中,0～10 mm 粒径的破碎矸石注浆充填 45 s 后浆液水平扩散至边界,注浆充填时间最短,破碎矸石初始空隙小,注浆孔附近浆液垂直扩散距离较小(约为 15 mm),注浆充填前期浆液以垂直扩散为主、后期以水平扩散为主。在图 5-5(b)中,10～20 mm 粒径的破碎矸石空隙注浆充填 95 s 后浆液水平扩散至边界,注浆孔附近浆液垂直扩散距离约为 30 mm,注浆充填时浆液水平扩散和垂直扩散同时发生,注浆充填时间较长。在图 5-5(c)中,20～30 mm 粒径的破碎矸石空隙注浆充填前期浆液以垂直扩散为主,后期以水平扩散为主,注浆充填时间最长,这是由于试样初始空隙大,浆液在注浆压力和重力作用下迅速扩散下渗到模型底部,浆液自下而上逐渐填充试样空隙,最后水平扩散至边界。在图 5-5(d)中,0～30 mm 粒径的破碎矸石注浆充填 65 s 后浆液水平扩散至边界,注浆充填时间较短,注浆孔附近浆液垂直扩散距离约为 20 mm,当垂直方向浆液扩散速率小于注浆速率时,浆液逐渐发生水平扩散。综上分析可知,浆液在破碎矸石内部扩散形态受到重力影响,粒径越大影响程度越大,浆液的空间扩散各向异性越明显。

不同粒径破碎矸石空隙注浆充填垂直扩散如图 5-6 所示。由图 5-6 可得:粒径级配对注浆充填垂直扩散影响较大。0～10 mm 粒径的破碎矸石空隙注浆充填垂直扩散范围小,分布在 18～41 mm 之间,平均值为 29.92 mm。10～20 mm 粒径的破碎矸石空隙注浆充填垂直扩散范围相对较大,分布在 28～67 mm 之间,平均值为 45.84 mm。20～30 mm 粒径的破碎矸石空隙注浆充填垂直扩散范围最大,分布在 111～200 mm 之间,平均值为 162.69 mm。0～30 mm 粒径的破碎矸石空隙注浆充填垂直扩散范围较大,分布在 24～52 mm 之间,平均值为 32.23 mm。这进一步表明重力是浆液垂直扩散的主要影响因素,粒径越大影响程度越大。试样空隙分布具有随机性、不均匀性,导致注浆充填浆液水平扩散范围与垂直扩散范围间没有直接联系。

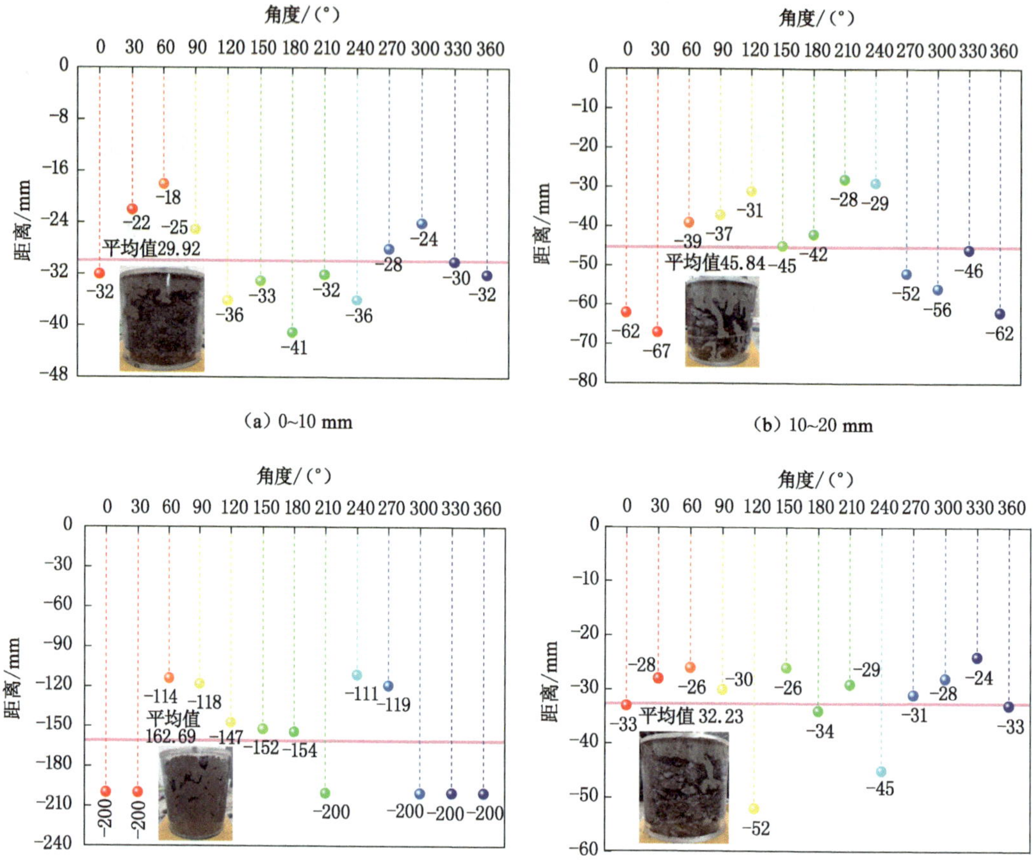

(a) 0~10 mm　(b) 10~20 mm　(c) 20~30 mm　(d) 0~30 mm

图 5-6　不同粒径破碎矸石注浆充填垂直扩散

5.2.3　注浆压力对充填浆液扩散的影响

试验的注浆充填对象为粒径 0～30 mm 的破碎矸石，运用自制的破碎矸石注浆充填装置进行不同注浆压力下的充填试验。根据上一节所述的不同粒径破碎矸石空隙注浆充填浆液扩散结果，设定试验注浆压力为 0.3 MPa、0.6 MPa、0.9 MPa、1.2 MPa，注浆量为 200 mL，其余试验步骤与方法同上节。不同注浆压力下破碎矸石空隙注浆充填浆液水平扩散如图 5-7 所示。

由图 5-7 可得：注浆压力对浆液水平扩散时间和扩散速率有影响。在图 5-7(a)中，当注浆压力为 0.3 MPa 时，浆液水平扩散缓慢，扩散速率小，63 s 浆液结束扩散；在图 5-7(b)中，注浆压力增加为 0.6 MPa 时，浆液水平扩散速率较大，53 s 浆液结束扩散；在图 5-7(c)中，当注浆压力增加至 0.9 MPa 时，模型各方向浆液水平扩散速率大且均匀，45 s 浆液结束扩散；在图 5-7(d)中，当注浆压力增加至 1.2 MPa 时，36 s 浆液结束扩散，水平扩散速率较大。这表明当注浆量相同时，浆液水平扩散时间与注浆压力呈负相关关系，浆液扩散速率与注浆压力呈正相关关系，注浆压力较小时，试样空隙充填程度低。综上分析，适当增大注浆压力可有效提高浆液的扩散速率和破碎矸石空隙的充填程度。

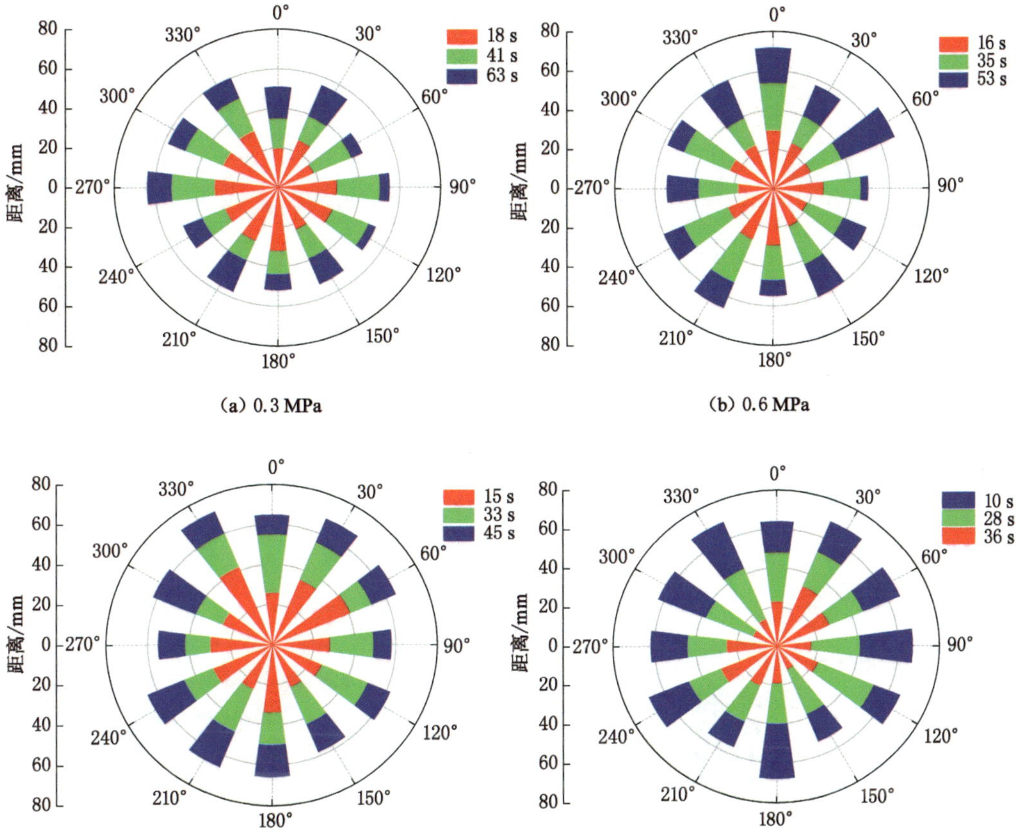

(a) 0.3 MPa　(b) 0.6 MPa

(c) 0.9 MPa　(d) 1.2 MPa

图 5-7　不同注浆压力下浆液水平扩散

试验注浆充填对象为粒径 0～30 mm 的破碎矸石，设定注浆压力为 0.3 MPa、0.6 MPa、0.9 MPa、1.2 MPa，进行不同注浆压力下破碎矸石注浆充填浆液垂直扩散试验，当某一位置浆液水平扩散至透明圆筒边界时结束注浆，注浆结束待浆液扩散稳定后进行垂直扩散测量。

不同注浆压力下破碎矸石空隙注浆充填浆液垂直扩散如图 5-8 所示。由图 5-8 可得：注浆压力影响浆液的垂直扩散，0.3 MPa 注浆压力下破碎矸石空隙注浆充填垂直扩散范围小，分布在 21～48 mm 之间，平均值为 31.84 mm。0.6 MPa 注浆压力下破碎矸石空隙注浆充填垂直扩散范围分布在 29～69 mm 之间，平均值为 43.38 mm。0.9 MPa 注浆压力下破碎矸石空隙注浆充填垂直扩散范围分布在 36～91 mm 之间，平均值为 56.27 mm。1.2 MPa 注浆压力下破碎矸石空隙注浆充填垂直扩散范围分布在 40～81 mm 之间，平均值为 58.92 mm。试验表明，浆液垂直扩散范围随着注浆压力的增大而增大，注浆压力影响浆液前期垂直扩散，重力影响浆液后期垂直扩散。

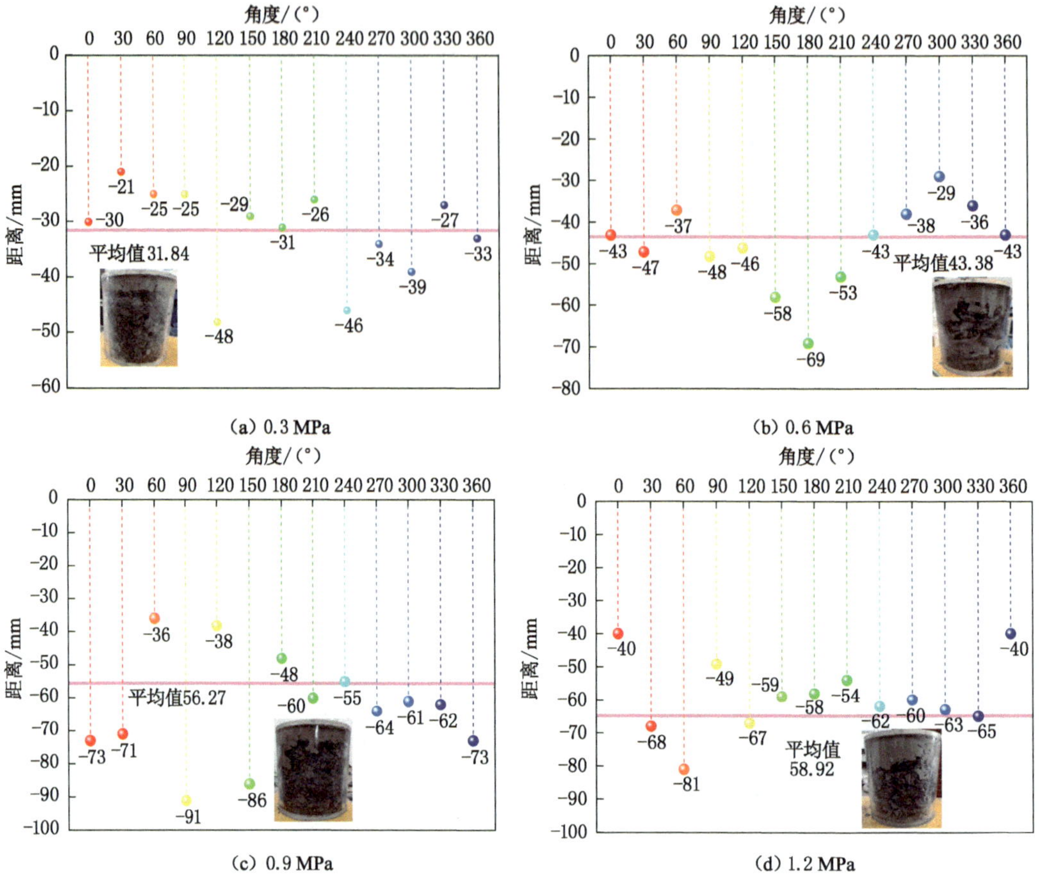

图 5-8 不同注浆压力下浆液垂直扩散

5.3 垮落带矸石空隙注浆充填相似模拟

5.3.1 相似理论与判据

科学研究方法中的相似模拟已历经多年发展，成为相当成熟的一种研究手段。在相似材料、相似理论、相似判据等方面均取得显著成果。随着工业科技的飞速发展，采矿、深海、桥梁等工程的安全稳定问题愈发重要，相似模拟的应用也越来越多，但大多数集中在材料的静力学问题研究方面，对注浆渗流扩散的模拟研究较少。采空区破碎矸石注浆充填是一项复杂工程，其相似模拟亦是如此，不仅需要考虑模型的相似比例问题，还需要考虑流体力学的相似原则。因此，本试验需要满足强度变形和渗流相似。渗流相似方程包括平衡方程、渗流方程、有效应力方程，其表示式如下：

$$\sigma_{ij,i} + X_j = \rho \frac{\partial^2 u_i}{\partial t^2} \tag{5-1}$$

$$K_x \frac{\partial^2 p}{\partial^2 x} + K_y \frac{\partial^2 p}{\partial^2 y} + K_z \frac{\partial^2 p}{\partial^2 z} = S \frac{\partial p}{\partial t} + \frac{\partial e}{\partial t} + W \tag{5-2}$$

$$\sigma_{ij} = \bar{\sigma}_{ij} + \alpha\delta p \tag{5-3}$$

式中，K_x、K_y、K_z 分别表示正交坐标方向的渗透系数，且 $K_x = K_y = K_z$；p 表示水压力；S 表示贮水系数；W 表示源汇项；e 表示体积应变；σ_{ij} 表示总应力张量；X_j 表示体积力；ρ 表示密度；$\bar{\sigma}_{ij}$ 表示充填体有效应力；α 表示孔隙压力常数，$0<\alpha<1$；δ 表示 Kronecker（克罗内克）函数。

结合几何方程、物理方程得到只含位移分量的方程：

$$\begin{cases} G\nabla^2 u + (\lambda + G)\dfrac{\partial e}{\partial x} + X = \rho\dfrac{\partial^2 u}{\partial t^2} \\ G\nabla^2 v + (\lambda + G)\dfrac{\partial e}{\partial y} + Y = \rho\dfrac{\partial^2 v}{\partial t^2} \\ G\nabla^2 w + (\lambda + G)\dfrac{\partial e}{\partial z} + Z = \rho\dfrac{\partial^2 w}{\partial t^2} \end{cases} \tag{5-4}$$

式中，$\nabla^2 = \dfrac{\partial^2}{\partial x^2} + \dfrac{\partial^2}{\partial y^2} + \dfrac{\partial^2}{\partial z^2}$是拉普拉斯算子；$G$ 为剪切模量；λ 为拉梅常数；X、Y、Z 分别为三个方向的体积力。

原型和试验模型均适用上述方程，因此可以推出：

模型相似 $C_G = C_\lambda$；几何相似 $C_u = C_x$；重力相似 $C_E = C_X C_x$；应力相似 $C_\sigma = C_X C_x$；时间相似 $C_t = \sqrt{C_x}$。其中，C_X 为重度相似比。采用量纲分析中的 π 定理确定模型与原型的一致性。黏度是影响流体相似模型的主要参数，根据量纲是否独立，选取密度、速度、长度和黏度为四个独立参数，其余为非独立参数和基本参数。

5.3.2 模拟装置与方案

大尺寸三维破碎矸石注浆充填试验装置主要由试验箱、注浆系统、数据采集系统等部分组成，试验装置原理与实物如图 5-9 和图 5-10 所示。

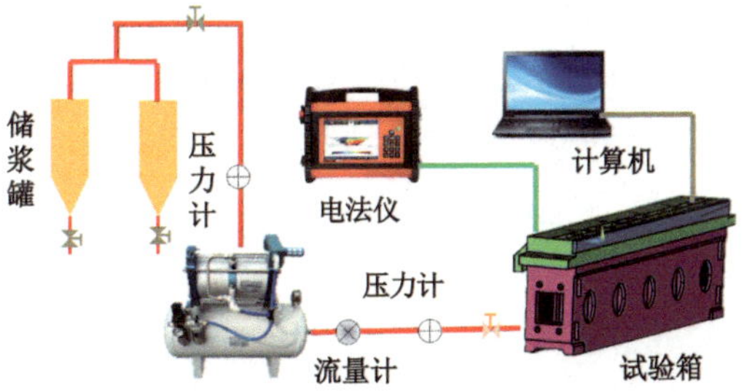

图 5-9　破碎矸石注浆充填试验装置示意图

破碎矸石注浆充填试验箱由三维充填箱体、排浆孔、注浆孔、底座和各类阀门组成。其中，三维充填箱体由厚 10 mm 亚克力材料制成，箱体长 1 200 mm、宽 800 mm、高 700 mm。在高于箱体底部 10 mm 处前后开设 4 个内径 40 mm 的排浆孔，在箱体侧面高于底部 350 mm、500 mm 处分别开设 2 个内径 32 mm 的注浆孔。充填箱体底座由角钢焊接而成，且安装有万向轮以便于移动，中部垂直角钢与底座焊接以固定充填箱体。注浆系统由便携式高压注浆泵和注浆管路组成。注浆泵最高压力为 21 MPa，最大额定功率 1.3 kW，转速可调，最高达 1 440 r/min。注浆管路由高压软管和气动接头组成，气动三通连接压力计和流量计。数

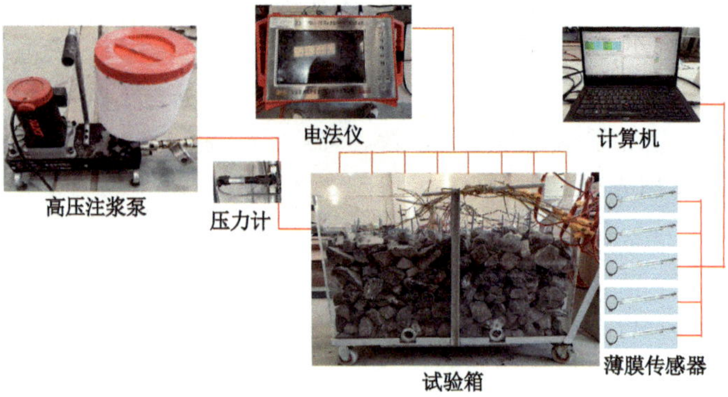

图 5-10　破碎矸石注浆充填试验装置实物图

据采集系统由计算机、电极传感器、压力传感器、数据采集仪等组成，本次注浆充填试验采集测点的压力值和电阻值，压力量程为 0～0.1 MPa，压力采集周期为 1 s，电法仪采集周期为 2 min，采集仪输出信号为质量和电阻信号，试验装置的各类阀门用于控制管路浆液流动路径。

采空区破碎矸石整体性差，空隙率大，矸石块体自身节理发育，粒径分布范围广。根据实际工程勘察的采空区破碎矸石分布特征，采用不同粒径的矸石模拟支架后方采空区破碎岩体，要求破碎矸石水平装填试验箱；试验箱装填完破碎矸石后进行空隙率测试，通过注浆孔向试验箱内注水，当淹没破碎矸石时停止注水，记录注水时间和注水量。浸泡 24 h 使破碎矸石充分饱和，减小试验误差，称重计量放出水量。重复注放水试验 3 次，取平均值作为整体空隙率。

基于破碎矸石浆液扩散规律研究，并结合相似理论，设置注浆压力为 1.2 MPa。试验注浆充填对象为破碎矸石块体，注浆材料为煤基固废料浆。试验前将破碎矸石块体填入试验箱，装料高度为 500 mm，同时布置传感器，传感器布置如图 5-11 所示，主要分为压力传感器布置和电极布置。

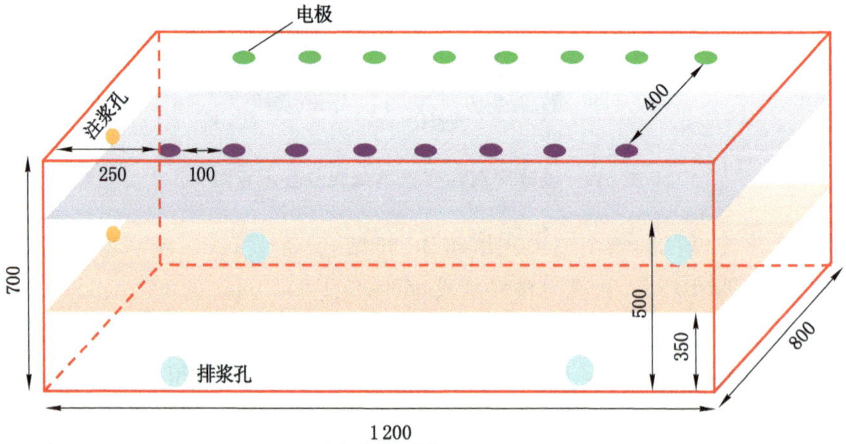

(a) 整体布置图

图 5-11　传感器布置示意图

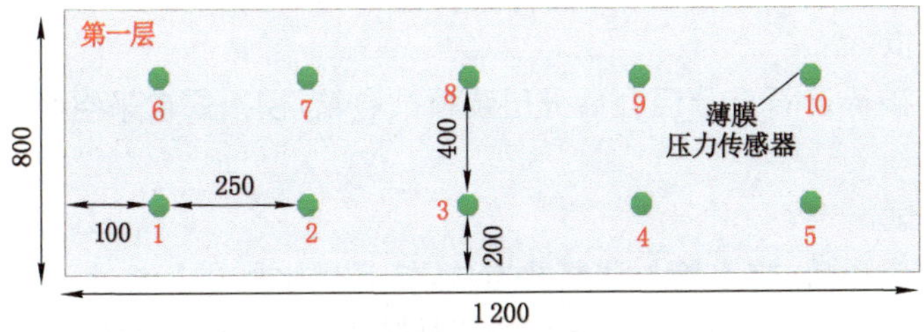

(b) 第一层压力传感器分布

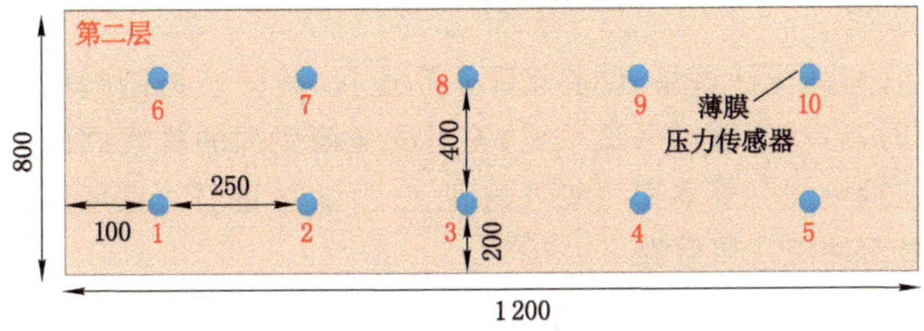

(c) 第二层压力传感器分布

图 5-11(续)

5.3.3 模拟步骤与流程

大尺寸三维破碎矸石注浆充填试验步骤主要包括试验准备、采空区模拟、空隙率测试、注浆充填实施和充填效果评价，详细试验步骤流程如图 5-12 所示。

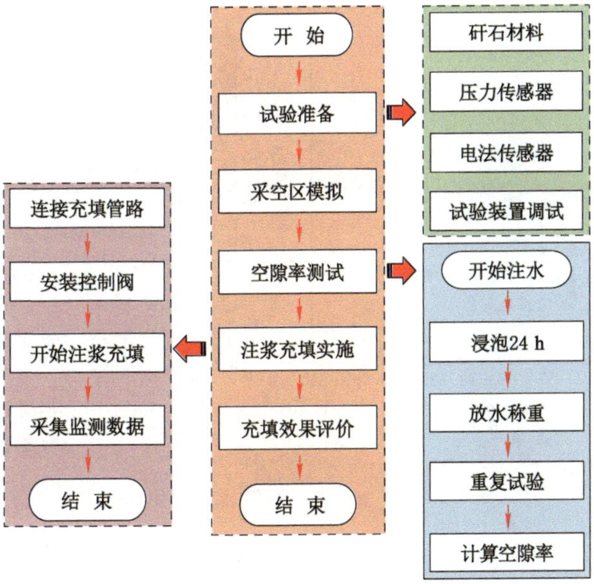

图 5-12 大尺寸三维破碎矸石注浆充填试验流程

(1) 试验准备

试验前制备 1 000 kg 不同粒径的破碎矸石，准备 20 个薄膜压力传感器、16 个高密度电法仪电极，传感器引线连接完好，调试注浆管路与高压注浆泵。

(2) 采空区模拟

将不同粒径的破碎矸石充分混合后分层装填试验箱，模拟煤矿采空区破碎矸石堆体，如图 5-10 所示。

(3) 空隙率测试

破碎矸石装填完成后，将水管与注浆孔连接，打开进水阀进行注水；当排浆孔有水溢出时，关闭排浆阀门，停止注水。静置 24 h 后打开排浆阀门，称重计量放出水量，计算空隙率。

(4) 注浆充填实施

试验前将注浆管与高压注浆泵、试验箱注浆孔连接，并安装控制阀门，按照配比制备充填料浆。注浆充填时，启动传感器采集系统，关闭试验箱底部的排浆阀门，打开注浆泵开始注浆，通过可视化试验箱实时观察充填浆液的高度，当试验箱顶部有浆液溢出时，关闭注浆泵停止注浆充填，最后冲洗注浆管路。

(5) 充填效果评价

注浆充填结束后，每隔 1 h 采集电法直至浆液达到初凝。当浆液完全扩散时，进行注浆充实率效果分析。

5.3.4 模拟结果分析

注浆充填过程采用的注浆压力为 1.2 MPa，观察注浆充填时浆液扩散状态、漏浆等特征。试验结束将采集的质量信号转化为压力，得到注浆充填时 1#、6# 测点的浆液压力变化曲线，如图 5-13 所示。

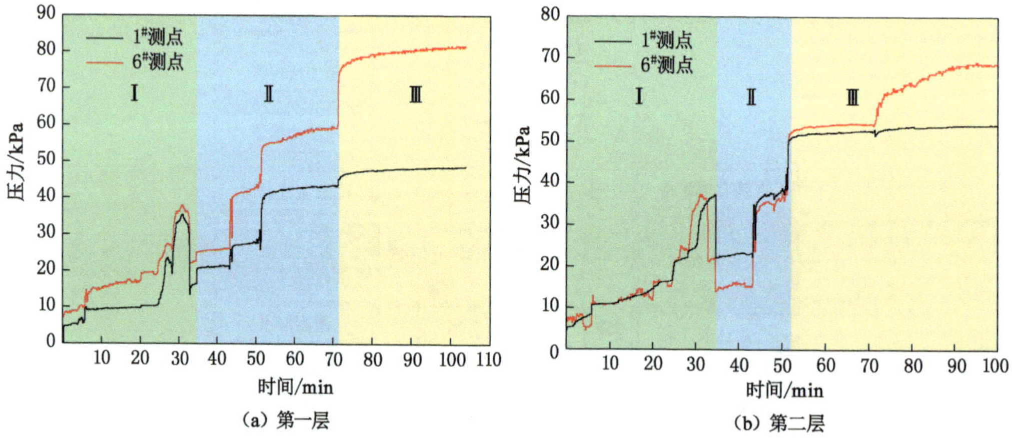

(a) 第一层

(b) 第二层

图 5-13 1#、6# 测点浆液压力变化曲线

由图 5-13 可得：注浆充填时 1#、6# 测点的压力不断增大，充填初期浆液在注浆口附近(1#、6# 测点)存在压力突增现象，随后压力呈平台状稳定，中期压力呈台阶状增长，后期压力较平稳直至注浆结束。

根据压力变化将注浆充填过程划分为初始平稳期、台阶增长期、压力稳定期三个阶段。初始平稳期：在注浆压力的驱动作用下，压力传感器数值出现突增，随后保持较为稳定的平台趋势，后期压力出现先增大后减小的单峰变化。台阶增长期：压力整体呈现稳定、上升、稳定、上升的台阶状变化，浆液被压入空隙通道打破了原有的扩散平衡，浆液通过不同的空隙路径逐渐扩散运动至压力传感器，压力数值呈现台阶式上升，且上升时间与上升值不同。压力稳定期：浆液扩散运动达到极限，但并未完全以胶结状态充满空隙，边缘部分存在裂隙，形成低浓度浆液的扩散运动通道，注浆后期少量浆液压入边缘裂隙，压力值小幅度增加。台阶增长期和压力稳定期决定注浆充填的最终效果。

在注浆充填试验过程中，与注浆孔等距离的同一层压力传感器变化具有明显的跟随性，但压力增减程度存在差异。这是由于相同配比的浆液流动扩散特性相同，即相同注浆压力下浆液扩散至压力传感器的时间相近；另外，破碎矸石堆积形成的空隙结构复杂，运动至各压力传感器的浆液量不同，导致压力数值变化存在差异。不同层压力传感器变化曲线具有相似性，均经历初始平稳期、台阶增长期和压力稳定期三个阶段，但每阶段的压力上升幅度、持续时间无明显规律。第一层1#、6#测点压力传感器初始平稳期持续时间约35 min，台阶增长期持续时间约37 min，压力稳定期持续时间约33 min；第二层1#、6#测点压力传感器初始平稳期持续时间约35 min，台阶增长期持续时间约17 min，压力稳定期持续时间约48 min。试验过程中第一层1#、6#测点压力传感器最大值为82.6 kPa，充填72 min后进入压力稳定期；第二层1#、6#测点压力传感器最大值为68.2 kPa，充填53 min后进入压力稳定期。

2#、7#测点的浆液压力变化曲线如图5-14所示。

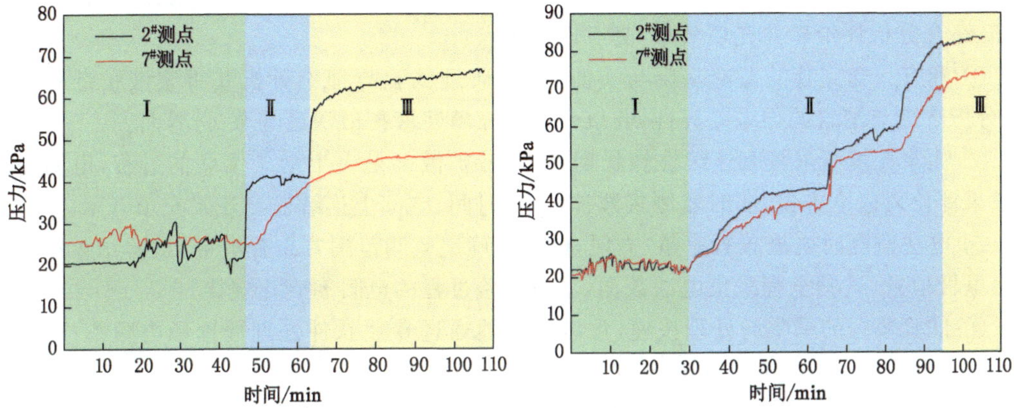

图5-14　2#、7#测点浆液压力变化曲线

由图5-14可得：注浆充填时2#、7#测点的压力不断增大，充填初期注浆口附近(2#、7#测点)存在压力突增现象，注浆充填过程压力仍存在初始平稳期、台阶增长期、压力稳定期三个阶段。

第Ⅰ阶段：初始平稳期，该阶段压力首先突增，随后呈现多峰波动，浆液沿着与注浆孔接触的空隙快速运动。这是由于浆液扩散运动打破了原始平衡，从而导致压力短时间增大。随着注浆充填稳定进行，浆液流入各空隙通道，逐渐开始胶凝固结，与空隙边缘产生黏结力，位于注浆孔附近的空隙通道发生短暂堵塞，从而导致扩散运动的浆液量下降；在注浆压力与水流作用下，浆液与空隙壁间的胶结作用力被破坏，浆液不断涌出形成新的流动。注浆充填过程中两种情况交替出现，导致压力曲线呈现多峰波动。

第Ⅱ阶段：台阶增长期，浆液在注浆压力下沿着网状空隙快速流动，测点压力发生不同程度的非同步台阶式增长。这是由于破碎矸石形成的复杂网状空隙，导致不同测点的浆液汇集量与汇集时间存在差异，压力出现阶段式台阶增长。另外，浆液流动扩散时与矸石块体接触，其浓度逐渐升高，流动性发生不同程度的改变，也是影响浆液压力台阶式增长的主要原因。

第Ⅲ阶段：压力稳定期，该阶段测点压力整体保持稳定，随着注浆充填的稳定进行出现缓慢增长。这是由于注浆充填后期空隙通道发生不同程度堵塞，在注浆压力和水流作用下，部分封堵通道被突破，少量浆液通过空隙边缘扩散至压力传感器，测点压力平缓增长。

随着浆液不断注入空隙，不同测点的压力都经历初始平稳期、台阶增长期和压力稳定期三个阶段。第一层2#、7#测点压力传感器初始平稳期持续时间约47 min，台阶增长期持续时间短，约为16 min，压力稳定期持续时间约37 min；第二层2#、7#测点压力传感器初始平稳期持续时间约30 min，台阶增长期持续时间长，约为65 min，压力稳定期持续时间约15 min。试验过程中第一层2#、7#测点压力传感器最大值为66.3 kPa，充填62 min后进入压力稳定期；第二层2#、7#测点压力传感器最大值为82.6 kPa，充填95 min后进入压力稳定期。

电阻率法是一种理想的充填效果评价方法，以探测浆液与围岩的导电性为基础，融合了对浆液扩散深度、浆-岩分界的探测。该方法采用一次布设电极，利用数控式电极转换器和电法仪对测线实现快速测量、采集、存储数据，应用专业软件绘制反映充填浆液扩散的电阻率图，综合分析评价矿井充填效果，具有以下优点：

① 拥有一套完善的理论基础与实测数据，通过试验与理论分析获得浆液扩散的电阻率，分析浆液与围岩的导电差异性，并以此反演充填浆液扩散深度与浆-岩界面。

② 注浆充填开采具有连续性和长期性，浆液扩散又是一个动态关联的过程，电阻率充填效果评价可以全方位、实时监测浆液扩散，在时间、空间上连续监测注浆充填开采。

③ 电法监测时电极布置完整、方便，试验前确定监测范围并布置电极，试验结束前不能改变电极位置，试验全程采集电法数据，获得试验过程的电阻率变化规律。

④ 试验数据的采集与处理快速，可以快速地通过专业软件处理数据和电阻率成像，直观反映注浆充填开采过程中电信息的演化规律。

基于上述电阻率监测的工作原理与优点，提出该充填效果评价方法的具体实施步骤，如图5-15所示。

试验时采集全面的电信息数据，采用专业软件完成解编数据、剔除异常数据、编辑电极坐标、设置参数等操作，最终获得注浆充填不同时段浆液扩散的电阻率云图，如图5-16所示。

由图5-16可得：注浆充填浆液扩散整体呈高、低阻闭合或半闭合间隔分布，电阻率在150～1 600 Ω·m之间变化，低阻值区动态变化。这是由于浆液与岩石的导电差异性，浆液稳定注入改变了试验箱体的原始电场，出现高阻值区、低阻值区相间现象。分析认为，低阻值区为含大量浆液区，高阻值区为含少量浆液或无浆液区，即低阻值区浆液扩散运动效果好，高阻值区浆液扩散运动效果差。试验中原始破碎矸石的电阻率约为1 600 Ω·m；注浆充填形成浆-岩混合体，其电阻率随浆液稳定注入而不断减小，最小值为150 Ω·m。

综合采集的压力与电法数据可以看出，试验箱横向0～350 mm、纵向－50～－350 mm

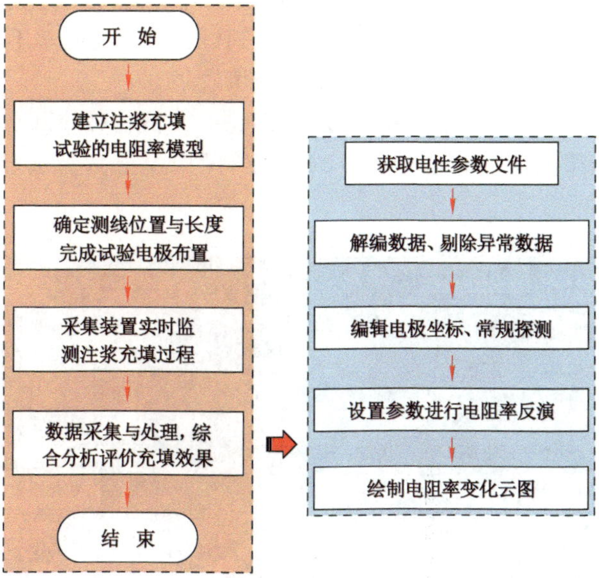

图 5-15 电阻率法充填效果评价步骤

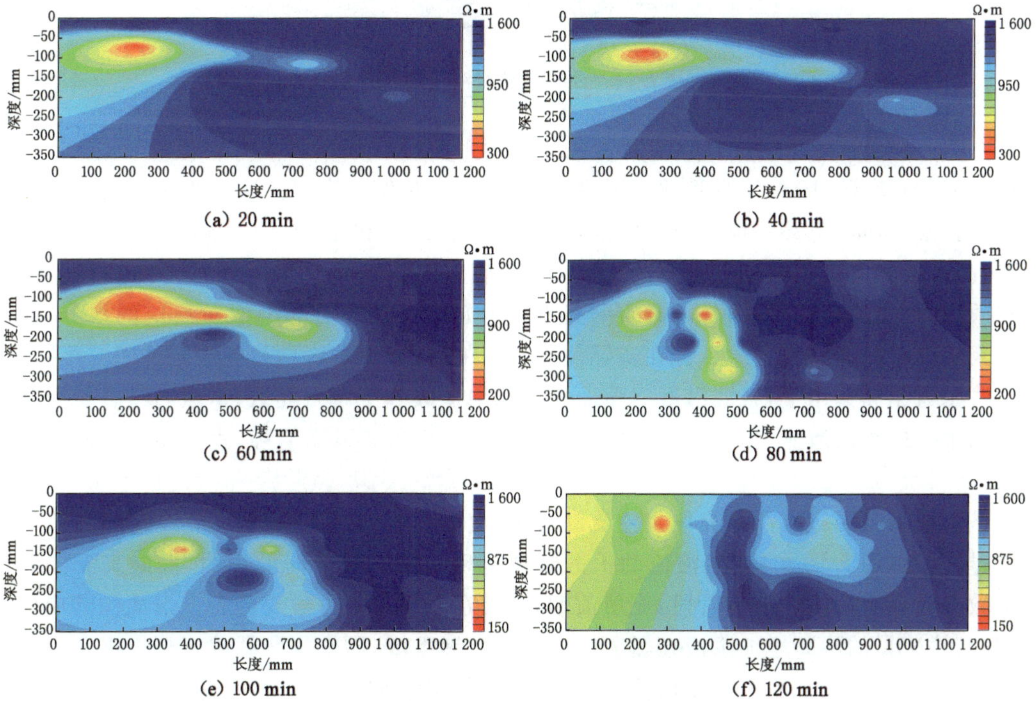

图 5-16 注浆充填浆液扩散电阻率云图

范围为相对低阻值区，低阻值区不断动态扩大。浆液扩散形态呈不规整的椭圆形，主要是由于试验所用的破碎矸石为不规则岩块，空隙大小形态存在差异，浆液具有沿着优势路径流动扩散的性质，同时破碎矸石具有较强的吸水性，浆液流动扩散时大量水分被吸收，浆液黏度增大，流动性变差，难以达到理想扩散。充填浆液与破碎矸石对比呈现低阻值响应，随着注浆充填的稳定进行，浆-岩混合体的电阻率呈现不同数值变化，电阻率不断减小。因此，可以通过对比不同时段浆-岩混合体的电阻率来评价充填效果。

试验时观察浆液扩散，并结合压力、电法监测可知，浆液在破碎矸石空隙内流动，整体流动性较好。注浆充填浆液流动状态如图 5-17 所示，图中左上角为试验箱体底部浆液扩散状态。

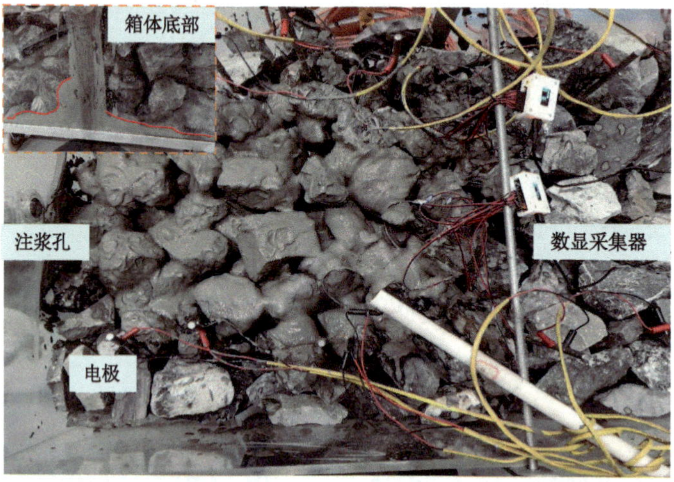

图 5-17　注浆充填浆液流动状态

由图 5-17 可得：开始注浆时浆液在注浆孔附近空隙快速下渗到试验箱底部，并逐渐充填满底部矸石空隙；随着注浆量的逐渐增大，浆液纵向扩散形态以注浆孔为中心由柱形向锥形过渡。浆液通过优势路径逐步向中部和上部扩散，最终在上部 350 mm 范围内出现冒浆现象，即水平方向上浆液扩散距离为 350 mm。破碎矸石注浆充填试验采用的是相对密闭的有限空间，在注浆模拟过程中，破碎矸石空隙中必然存在没有参与水化反应的水分，这将导致浆液没有完全充满空隙。但在实际注浆充填工程中，注浆区域是无限延伸的三维空间。在注浆压力驱动作用下，浆液沿着空隙通道向四周扩散直至压力耗散，空隙内没有参加水化反应的水分逐渐消散流失，二次或多次注浆可有效充填破碎矸石空隙，进一步提高矿山充填效果。

试验前后观测记录注浆充填浆液流动过程，绘制如图 5-18 所示的浆液在破碎矸石中的扩散过程。由图 5-18 可得：浆液流动扩散整体呈现先纵向后横向的规律，根据浆液扩散特点大致分为四个阶段。第Ⅰ阶段：充填前期，浆液在注浆孔前方破碎矸石上形成椭圆形覆盖区，随着注浆量的不断增加浆液在覆盖区向底部扩展下渗，即在注浆孔附近形成纵向扩散通道。第Ⅱ阶段：浆液扩展下渗到试验箱底部时，开始沿横向流动扩散且具有一定坡度，后期浆液由下向上充填注浆孔附近的空隙通道，试验箱上部的椭圆形覆盖区逐渐扩大。第Ⅲ阶段：随着注浆量继续增加，试验箱上部椭圆形覆盖区范围趋于稳定，底部浆液继续横向扩散至箱体边界。第Ⅳ阶段：底部浆液接触箱体边界，浆液高度不断上升，但浆液液面坡度保持相对稳定，当箱体底部漏浆时，结束注浆。

充填时浆液扩散形成的液面坡度具有一定规律，距离注浆孔越近液面坡度越大。这是

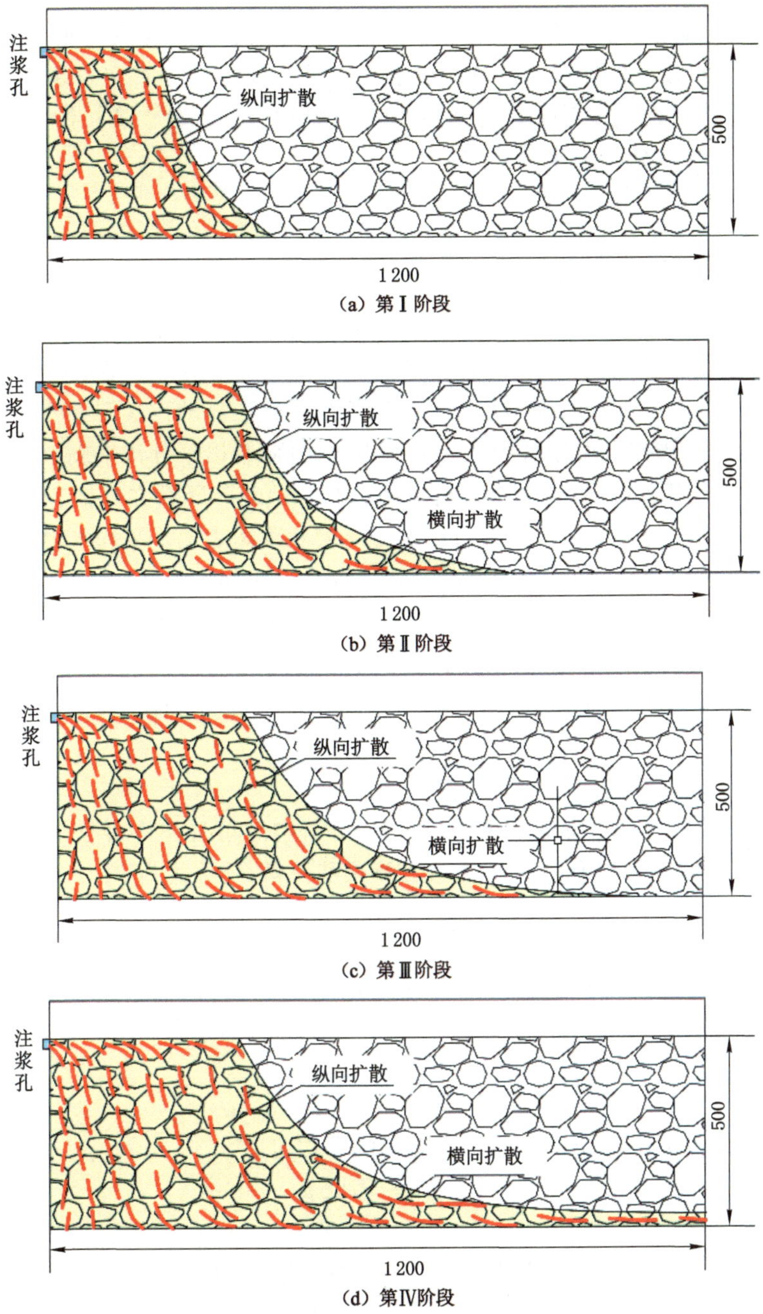

图 5-18　浆液在破碎矸石中的扩散过程

由于注浆孔附近浆液主要发生纵向扩散，空隙充填效果好，浆液出现堆积，坡度较大。随着距注浆孔距离的增加，液面坡度呈现先减小后趋于稳定的变化特征。浆液扩散的空隙通道随机分布且形态各异，对浆液流动扩散存在阻碍，局部小空隙位置浆液颗粒发生聚集沉降，同时矸石块体表面干燥，浆液扩散时吸收部分水分，从而导致其浓度增大、横向扩散能力减弱。浆液在破碎矸石空隙内的流动扩散存在阶段性差异，当注浆孔位于浆液面上方时，浆液在注浆压力驱动下以波浪推移的形式向四周流淌；当注浆孔位于浆液面下方时，浆液在注浆孔处向外喷涌，喷涌的浆液不断向四周流淌扩散。注浆孔位置浆液向外喷涌流淌，顶部覆盖区的浆液在重力作用下不断向下扩散。注浆充填后浆液主要分布在岩块堆积形成的空隙内。浆液在空隙内的流动扩散具有选择性，沿着优势路径向深处渗流扩散，随着注浆量的增加，浆液呈树枝分叉状依次充填满空隙。

5.4 注浆充填浆液扩散机理分析

多源煤基固废材料注浆充填整体过程是浆液在注浆压力下逐渐驱替破碎矸石空隙中的原始气体或液体，最终形成浆-岩混合体。浆液扩散机理的分析基于浆液自身流动特性的研究，粒径级配、孔隙率、迂曲度、平均水力半径等参数对浆液流动性具有重要影响。粒径级配又称粒度级配，表示破碎矸石中各粒径岩块所占的比例，常以百分比来表示。孔隙率指孔隙总体积与矸石总体积之比，孔隙总体积包括两部分：① 破碎矸石空隙体积；② 自身孔隙体积。迂曲度指扩散通道实际长度与穿过扩散介质宏观距离之比。平均水力半径指浆液流过的断面面积与总润湿周长之比，与矸石粒径和孔隙率呈正相关关系。

浆液在空隙内流动扩散时不断发生能量损失，主要包括沿程阻力能量损失和局部能量损失。2007 年吴金随最先提出了基于平均水力半径的孔喉模型，该模型具有很好的适用性，可以解释浆液扩散时的能量损失。基于此，系统分析破碎矸石注浆充填浆液扩散时的能量损失。

(1) 沿程阻力能量损失

采空区堆积的破碎矸石形成注浆充填通道，矸石空隙可看作许多复杂网状细管组成的集合体，通过修正的 Hagen-Poiseulle 方程计算浆液流量，计算式为：

$$q = \frac{\pi d^4 \Delta p_1}{128 L_t \mu} \tag{5-5}$$

式中，d 为扩散通道直径；Δp_1 为沿程压力；L_t 为扩散通道实际长度；μ 为黏度。

扩散通道截面积表达式为：

$$A = \pi r^2 = \frac{\pi d^2}{4} \tag{5-6}$$

联立式(5-5)和式(5-6)可获得浆液扩散时的平均速度：

$$\bar{v} = \frac{q}{A} = \frac{r^2 \Delta p_1}{8 \mu L \tau} \tag{5-7}$$

式中，τ 表示迂曲度；L 为浆液穿过介质的宏观距离。

忽略气体对浆液扩散的影响，假设浆液和矸石是饱和介质，则浆液扩散平均速度与表观速度的关系为：

$$\bar{v} = \frac{v_s}{\lambda} \tag{5-8}$$

式中，λ 为浆液体积百分比，表示式为：

$$\lambda = \frac{V_w}{V_w + V_s} = \frac{\lambda_w}{1 - \lambda_g} \tag{5-9}$$

式中，V_w 为浆液体积；V_s 为破碎矸石块体体积；λ_w，λ_g 分别为浆液和气体的体积百分比。

联立式(5-8)和式(5-9),可得:

$$\bar{v} = \frac{v_s(1-\lambda_g)}{\lambda_w} \tag{5-10}$$

浆液通道半径与平均水力半径间的关系式为:

$$r = 2R_h \tag{5-11}$$

式中,R_h 为平均水力半径。

浆液等效平均水力半径计算式为:

$$R_{hw} = \frac{V_w}{S_1} = \frac{V_w/(V_w+V_s)}{S_1/(V_w+V_s)} = \frac{\lambda/(1-\lambda_g)}{\kappa_w} \tag{5-12}$$

式中,R_{hw}为浆液等效平均水力半径;S_1 为破碎矸石块体表面积;κ_w 为浆液比面,浆液比面与破碎矸石比表面积 κ_v 存在如下关系:

$$\kappa_w = \kappa_v \frac{1-\theta}{1-\lambda_g} \tag{5-13}$$

式中,θ 为破碎矸石的孔隙率。假设破碎矸石为球形,其平均直径 D 可用比表面积 κ_v 表示,即

$$\kappa_v = \frac{6}{D} \tag{5-14}$$

将式(5-10)至式(5-14)分别代入式(5-7)可得到浆液扩散过程的沿程阻力能量损失表达式:

$$\frac{\Delta p_1}{L} = \frac{72\mu\tau v_s(1-\lambda_g)(1-\theta)^2}{\lambda_w^3 D^2} \tag{5-15}$$

(2) 局部能量损失

浆液扩散通道孔喉比是影响其局部能量损失的主要因素,假设破碎矸石为球形饱和介质,建立破碎矸石孔喉比模型,如图 5-19 所示。

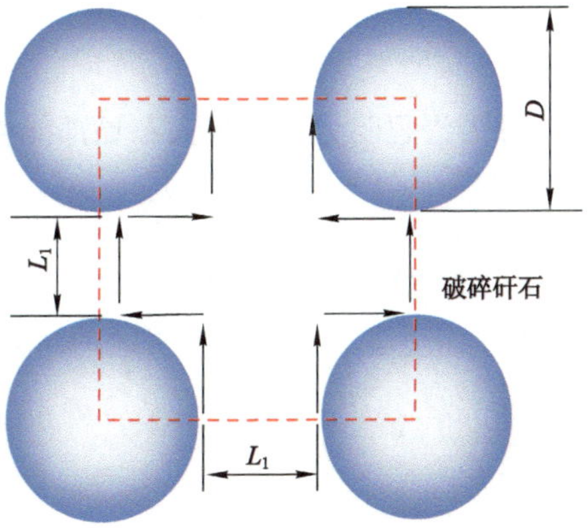

图 5-19　破碎矸石孔喉比模型

破碎矸石孔喉比为:

$$b = \frac{\varepsilon_p}{\varepsilon_t} = \frac{L_1+D}{L_1} \tag{5-16}$$

式中,ε_p 为孔径;ε_t 为喉径。

非饱和介质的孔喉比表达式为：

$$b_w = \frac{\varepsilon_{pw}}{\varepsilon_{tw}} \tag{5-17}$$

式中，ε_{pw}为液相孔径，且 $\varepsilon_{pw}=\varepsilon_p\sqrt{S_w}$；$\varepsilon_{tw}$为液相喉径，且 $\varepsilon_{tw}=\varepsilon_t\sqrt{S_w}$。因此 $b_w=b$，即饱和介质孔喉比等于非饱和介质孔喉比。

破碎矸石的孔隙率与孔喉比间的关系式为：

$$b = \frac{1}{1-2\sqrt{(1-\theta)/\pi}} \tag{5-18}$$

浆液扩散通道变化引起的压力损失为：

$$h = \left(\frac{3}{2}+\frac{1}{b^4}-\frac{5}{2b^2}\right)\frac{\bar{v}^2}{2g} = \chi\frac{\bar{v}^2}{2g} \tag{5-19}$$

式中，$\chi=\frac{3}{2}+\frac{1}{b^4}-\frac{5}{2b^2}$。

则浆液扩散通过单个孔喉的压力降低值为：

$$\Delta p_2 = \rho g h = \frac{\chi\rho\bar{v}^2}{2} \tag{5-20}$$

假设破碎矸石的粒径与单个孔喉长度相等，则浆液流动扩散时通过的孔喉数为：

$$N = \frac{L_t}{\varepsilon_w} \tag{5-21}$$

浆液在破碎矸石空隙内扩散单位长度的压力降低值为：

$$\frac{N\Delta p_2}{L} = \frac{L_t\Delta p_2}{L\varepsilon_w} = \tau\frac{\Delta p_2}{\varepsilon_w} \tag{5-22}$$

式中，$\varepsilon_w=4R_{hw}$。

可以得到浆液流动扩散的局部能量损失：

$$\frac{\Delta p_2}{L} = \frac{3\chi\tau\rho v_s^2(1-\theta)(1-\lambda_g)^2}{4\lambda_w^3 D} \tag{5-23}$$

(3) 浆液流动扩散能量损失

浆液流动扩散的能量损失分为沿程阻力能量损失和局部能量损失两部分，其表达式为：

$$\frac{\Delta p_w}{L} = \frac{\Delta p_1}{L}+\frac{\Delta p_2}{L} = \frac{72\mu\tau v_s(1-\lambda_g)(1-\theta)^2}{\lambda_w^3 D^2}+\frac{3\chi\tau\rho v_s^2(1-\theta)(1-\lambda_g)^2}{4\lambda_w^3 D} \tag{5-24}$$

由式(5-24)可知：浆液流动扩散能量损失与黏度、迂曲度、流动速度呈正相关关系，与破碎矸石孔隙率、粒径呈负相关关系。这与本章 5.2 节所述的注浆充填浆液扩散规律的试验结果一致。

6 工程应用

本章根据试验区工程地质条件及前文对破碎矸石力学特性、注浆充填浆液扩散规律与扩散机理的研究结果，设计了垮落带破碎矸石区注浆充填开采工程方案，给出了试验区垮落带注浆充填采煤工作面充填点位置、充填系统的优化设计，研究结果可为垮落带注浆充填开采技术的工程实践提供一定的案例补充与技术储备，对煤基固体废弃物材料在矿山工程的推广应用具有重要的意义。

6.1 工程概况

6.1.1 工程背景

任家庄煤矿位于宁夏回族自治区灵武市境内，位于毛乌素沙漠的边缘，地面交通便利，与银川市西隔黄河相望，毗邻红石湾煤矿，井田面积 17.76 km^2，是横城矿区开发建设的第一个大型煤矿。试验开采区位于井田西南方向，地面标高＋1 330～＋1 340 m，平均＋1 335 m，开采区域地势平坦。矿井主采煤层为 3 煤、5 煤和 9 煤，水文地质条件简单，属于低瓦斯矿井，采用斜井单一水平上下山开拓，走向长壁综合机械化采煤方法。

6.1.2 工程地质条件

当前主采煤层 9 煤厚度为 3.40～9.10 m，平均厚度 6.66 m，位于太原组中部，煤层厚度由南向北逐渐变厚。煤层为南西走向，平均倾角 13°左右。煤层含 0.2～0.8 m 厚的夹矸且赋存状态简单。煤层变异系数为 7.7%，开采指数为 0.99，属于稳定煤层。由于地质构造等原因试验区煤层分为合并区、分叉区。在合并区，9 煤直接顶为石灰岩，厚度为 1.25～1.75 m，含有少量泥质碎屑、块状方解石；基本顶为泥岩，厚度为 7.36～8.78 m；直接底为粉砂岩，厚度为 4.51～5.71 m，含少量云母及大量块状化石。在分叉区，9 煤直接顶为细砂岩，厚度为 0.5～2.4 m。试验区域综合柱状图如图 6-1 所示。

任家庄煤矿区域内地表降水稀少，无地表河流，二叠系山西组-太原组裂隙含水层裂隙发育，渗透系数为 0.011～0.019 7 m/d，富水性较弱，开采期间工作面局部顶板出现淋水、滴水现象。试验区 9 煤自燃倾向性为Ⅱ类，属于自燃煤层，自然发火期为 69 d，建井至今未发生火灾事故。地质构造造成矿区瓦斯呈不均匀分布，局部区域出现瓦斯含量偏大现象，矿井瓦斯绝对涌出量最大值为 7.89 m^3/min，相对涌出量最大值为 1.24 m^3/min。试验工作面走向长度为 1 192 m，倾向宽度为 292 m。

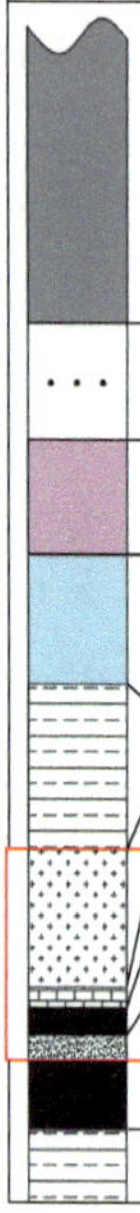

柱状图	岩性	厚度/m	岩 性 描 述
	上覆岩层	160.6	主要包括表土、砾石、红土，砾石成分以石英为主，硅质灰岩次之，砾径0.06~0.10 m，坚硬。红土：53.51 m以上为棕褐色，砂质黏土至154.85 m为砖红色黏土，含砂量大，至159.15 m为黏土夹砾石，至160.15 m为黏土夹石膏
· · ·	层间岩层	209.5	主要包括粉砂岩、泥岩、石灰岩等
	粉砂岩	6.95	上部为灰色粗粉砂岩，下部为灰黑色砂质泥岩，含黄铁矿
	细粒砂岩	7.70	淡灰白色石英为主，泥质胶结，较坚硬，具有黑色线理
	粉砂岩	9.89	黑色，岩性单一，含片状黄铁矿
	泥岩	8.20	黑色，具有根部化石，细腻，结构单一
	石灰岩	1.30	灰黑色，致密坚硬，含纺锤虫及蜷蝌化石
	9上煤	1.60	半亮型，块状，坚硬，含黄铁矿，灰分较高
	夹矸	1.50	黑色，岩性单一，含片状黄铁矿
	9下煤	4.20	亮-半亮型，以粉状为主，含黄铁矿
	粉砂岩	4.40	灰色、灰紫色，夹薄层中粗粒砂岩

图 6-1　试验区域综合柱状图

6.2　垮落带注浆充填开采工程设计方法

6.2.1　垮落带注浆充填开采设计流程

结合前文研究结果可知，采空区破碎矸石的岩性、粒径级配、轴向压力、加载速率是影响其压实变形的主要因素。准确选择注浆时机与位置是实现垮落带注浆充填开采的关键，遵循经济性、安全性、技术可行性三大基本原则。以任家庄煤矿为例，提出垮落带注浆充填开采设计流程，如图 6-2 所示。

垮落带注浆充填开采具体设计流程如下：

① 根据试验工作面地质勘探资料，综合分析试验区岩层结构特征，并研究开采时上覆岩层空间演化规律。

② 开展试验工作面顶板岩层物理力学特性测试，得到顶板岩石物理力学参数，为后期理论分析与数值计算提供基础数据。

③ 根据试验区域顶板岩层分布特征，设计不同岩性、粒径级配、轴向压力、加载速率的破碎矸石压实变形试验，确定影响破碎矸石压实变形的主控因素。

④ 针对实际工程开采条件，分析确定多因素影响下垮落带注浆充填开采的注浆巷道和注浆点位置。

⑤ 结合充填效率及工艺要求，制定垮落带注浆充填效果保障措施。

⑥ 实时监测反馈垮落带注浆充填效果，实现煤炭资源开发与生态环境保护的协调

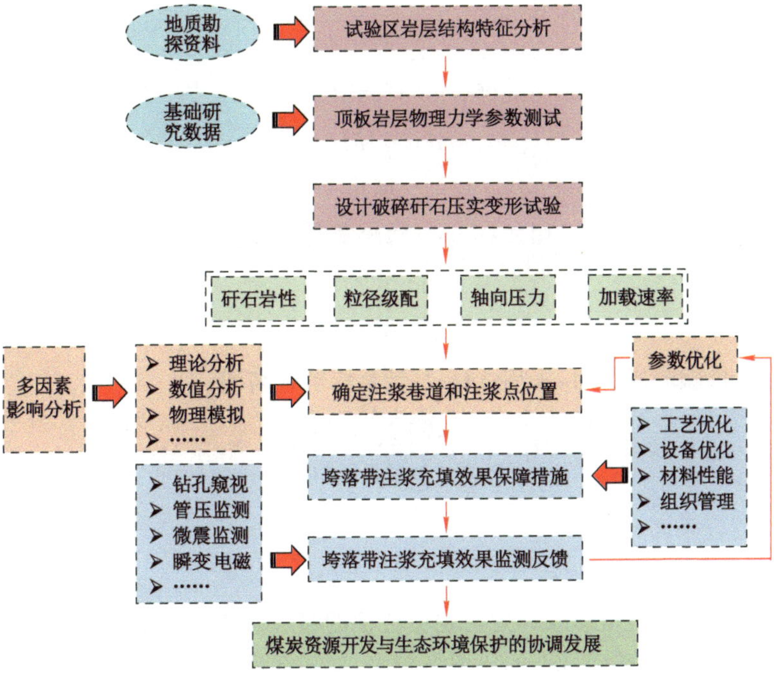

图 6-2　垮落带注浆充填开采设计流程

发展。

6.2.2　垮落带注浆充填开采关键参数

(1) 垮落带高度

垮落带是指采矿引起上覆岩层破坏、垮落至采空区的岩层带。垮落带注浆充填的关键是确定上覆岩层“三带”演化特征，尤其是垮落带的分布特征，一般采用井下实测、经验公式、数值模拟三种方法确定垮落带发育高度。

经验公式一：参考现场钻孔资料，采用式(6-1)计算垮落带高度。

$$H_c = \frac{100M}{aM + b} \tag{6-1}$$

数据线性回归计算得到 $a=0.759$，$b=49.5$，相关系数为 0.802，则：

$$H_c = \frac{100M}{0.759M + 49.5} \pm 3 \tag{6-2}$$

式中，M 为累计采高，m。

经验公式二：随着煤层采出上覆岩层自下向上依次形成垮落带、裂缝带、弯曲下沉带。当煤层倾角小于 45°，上覆存有坚硬岩层时，垮落带高度可按式(6-3)计算。

$$H_c = \frac{M}{(K_s - 1)\cos\alpha} \tag{6-3}$$

式中，K_s 为顶板岩层碎胀系数；α 为煤层倾角。

经验公式三：当开采厚煤层，累计采高小于 15 m，且上覆存有坚硬岩层时，采用式(6-4)计算垮落带高度。

$$H_c = \frac{100\sum M}{2.1\sum M + 16} \pm 2.5 \tag{6-4}$$

当上覆存有中硬岩层时，采用式(6-5)计算垮落带高度。

$$H_c = \frac{100\sum M}{4.7\sum M + 19} \pm 2.2 \tag{6-5}$$

当上覆存有软弱岩层时，采用式(6-6)计算垮落带高度。

$$H_c = \frac{100\sum M}{6.2\sum M + 32} \pm 1.5 \tag{6-6}$$

当上覆存有极软弱岩层时，采用式(6-7)计算垮落带高度。

$$H_c = \frac{100\sum M}{7.0\sum M + 63} \pm 1.2 \tag{6-7}$$

式中，$\sum M$ 为累计采高，m。

(2) 垮落带矸石压缩量

由破碎矸石瞬时压实变形及声发射响应特征的研究可以看出，破碎矸石在轴向压力作用下逐渐压实，加载初期破碎矸石的压缩量较大，加卸载后矸石反弹率为 2%～3%，不存在松弛现象。无论采空区矸石充填情况和碎胀性如何，基本顶及上覆岩层下沉初期垮落带矸石都会发生较大的压缩变形。垮落带注浆充填将煤基固体废弃物制备成充填浆液高压注入采空区破碎矸石空隙，破碎矸石与浆液形成浆-岩混合体控制基本顶及上覆岩层的垂直运动。因此，根据采空区矸石压缩变形的时间效应选择合理的注浆时机，保证垮落带注浆充填开采的可注性、可控性。

(3) 浆液扩散半径

垮落带不同区域的充填浆液扩散半径存在差异，分为在破碎矸石空隙中扩散和垮落带破碎矸石上部与基本顶间空隙扩散。考虑工程实际情况，浆液带压充填至垮落带，忽略注浆充填引起的破碎矸石空隙变化。

破碎矸石空隙中浆液扩散半径参考 5.2 和 5.3 节的研究结论。考虑重力作用，浆液在垂直方向扩散的同时也在水平方向扩散，但与垂直方向相比，水平扩散的速度相对缓慢，水平方向上距离注浆孔越远浆液扩散速度越小。因此，在注浆压力作用下破碎矸石空隙中浆液扩散以垂直扩散为主。

垮落带破碎矸石上部与基本顶间空隙的浆液扩散半径可以参考式(6-8)计算。

$$R = \frac{C_r Q}{2\pi v_{pl} B} \tag{6-8}$$

式中，Q 为单位时间的充填量，m^3，由注浆管管径和注浆压力决定；C_r 为修正系数；B 为垮落带矸石与基本顶间的空隙宽度，m；v_{pl} 为浆液中固体颗粒处于悬浮态的临界流速，m/s，其表达式为：

$$v_{pl} = 2.8c_s(1 - m_t)^n \sqrt{\frac{\pi g d_d(\rho_k - \rho_0)KC}{6\psi\lambda_0\rho_0}} \tag{6-9}$$

式中，c_s 为修正系数；m_t 为浆液体积浓度，kg/m^3；n 为干涉指数；d_d 为固体颗粒的当量直径，m；ρ_k 为固体颗粒的密度，kg/m^3；ρ_0 为液体的密度，kg/m^3；K 为试验常数，一般取 1.5～

2.0；C 为相关系数，一般取 0.15～0.35；ψ 为雷廷格总阻力系数，与雷诺数 Re 及物体形状有关；λ_0 为阻力系数。

6.3 垮落带注浆充填开采工程设计

6.3.1 注浆充填点位置的确定

在采煤工作面上方设计注浆巷道，注浆巷道布置包括倾向布置、走向布置、端头位置、高度位置的确定。由于垮落带注浆充填是随着工作面开采进行的，因此注浆巷道平行于风机两巷布置，试验工作面煤层倾角为 13°，倾向上注浆巷道向风巷偏离走向中心线 20 m，注浆巷道长 1 170 m，端头距离开切眼 10 m。综合考虑地质钻孔资料，根据 6.2 节的方法计算出垮落带高度在 10.97～17.24 m 之间，另外注浆充填后垮落带高度将出现减小趋势。钻孔柱状图显示上覆细粒砂岩距 9 煤 22.49～30.19 m，注浆巷道布置在细粒砂岩层，既能满足不在垮落带的要求，又能减少注浆钻孔施工工程量。注浆巷道位置如图 6-3、图 6-4 所示。

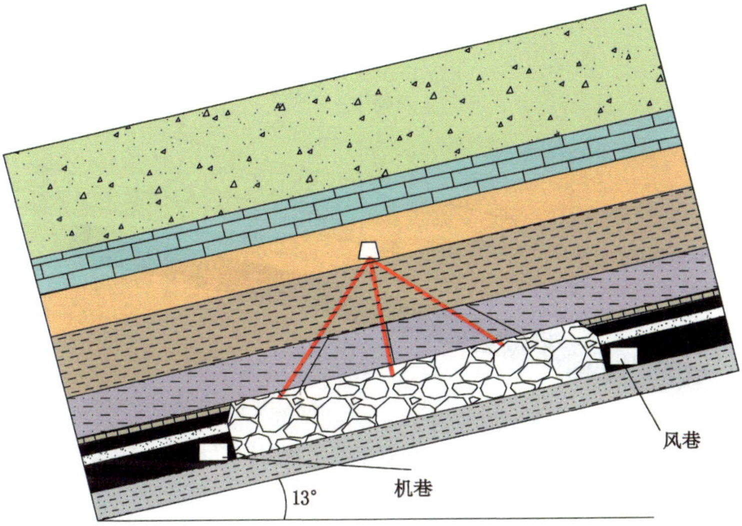

图 6-3　注浆巷道倾向示意图

在注浆巷道布置注浆钻孔并确定注浆充填点位置，即确定注浆钻孔位置、注浆钻孔与停采线和开切眼的相对位置。根据式(6-8)计算得到 4 MPa 注浆压力下充填料浆的扩散半径为 18.6 m，浆液在垮落带与基本顶间空隙的扩散半径大于在垮落带破碎矸石中的扩散半径。试验工作面相似物理模拟显示初次来压步距为 20 m，周期来压步距为 15 m。确定走向注浆钻孔间距为 20 m，第一个注浆钻孔距离开切眼 10 m，最后一个注浆钻孔距离停采线 10 m，如图 6-4 所示。

根据垮落带高度确定注浆钻孔的空间位置，注浆管一端做成花管，其长度根据岩层运动特征决定。试验工作面垮落带高度在 10.97～17.24 m 之间，因此在距离煤层 13 m 以内的区域安装花管。从机巷向风巷注浆管长度依次为 88.9 m、19.2 m、71.5 m，花管长度依次为

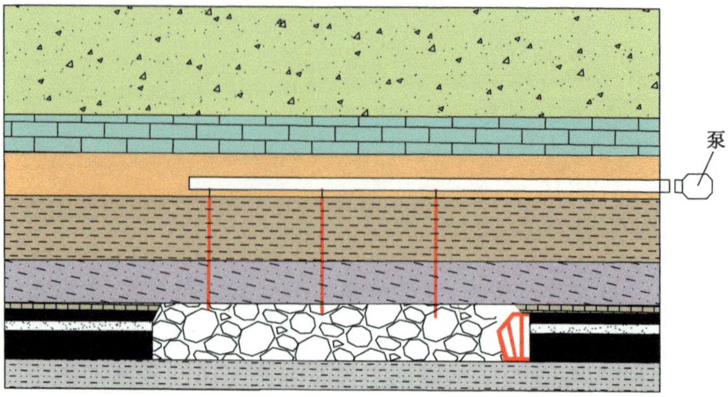

图 6-4　注浆巷道走向示意图

45.7 m、9.6 m、36.7 m。为防止高压浆液从注浆管与钻孔缝隙溢出，采用树脂锚固剂封堵孔口。注浆钻孔位置参数如图 6-5 所示。

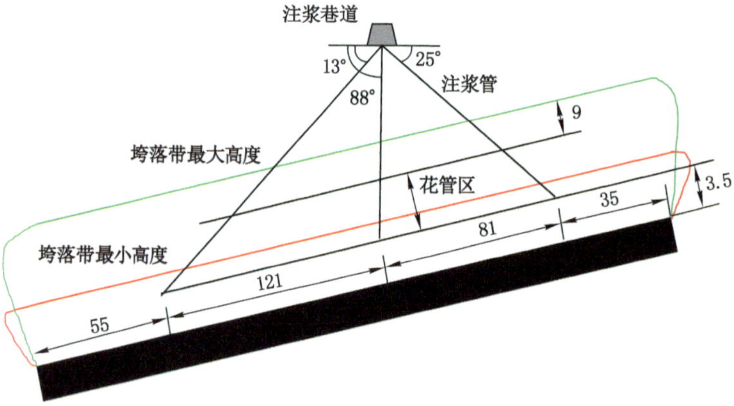

图 6-5　注浆钻孔位置参数示意图(单位:m)

6.3.2　注浆充填浆液制备系统

结合煤矿胶结充填浆液管道输送特性和充填方法，提出了适用于垮落带注浆充填开采的系统设计思路。垮落带注浆充填系统分为浆液制备、管道输送、井下充填三大部分，系统设计原则如下：① 地面浆液制备能力、管道输送能力与工作面充填能力相匹配；② 充分利用煤电基地产业群固体废弃物和矿井水等作为充填原材料，提高固体废弃物的利用率，实现安全低碳绿色开采。

垮落带注浆充填浆液制备系统如图 6-6 所示。洗煤厂分选的煤矸石运送至破碎车间，经过两级破碎，破碎后粒径小于 5 mm 的矸石直接运送至充填材料搅拌仓，大于 5 mm 的矸石进入高细破碎机进行二级破碎。充填材料分两级搅拌，一级搅拌采用叶片式搅拌机进行干料混合搅拌，二级搅拌采用对旋式搅拌机进行浆液搅拌。充填细料(粉煤灰、气化渣和水泥)采用螺旋给料机输送，经过动态称重后送入一级搅拌机，充填骨料(煤矸石)采用皮带输送至一级搅拌机，干料充分混合搅拌进入二级搅拌机，加入水搅拌成浆液通过垂直管道送入井下充填区。该充填系统可实现采充平行作业，采煤与充填系统相互独立，充填结束对地下水环境开展长期监测与评估。

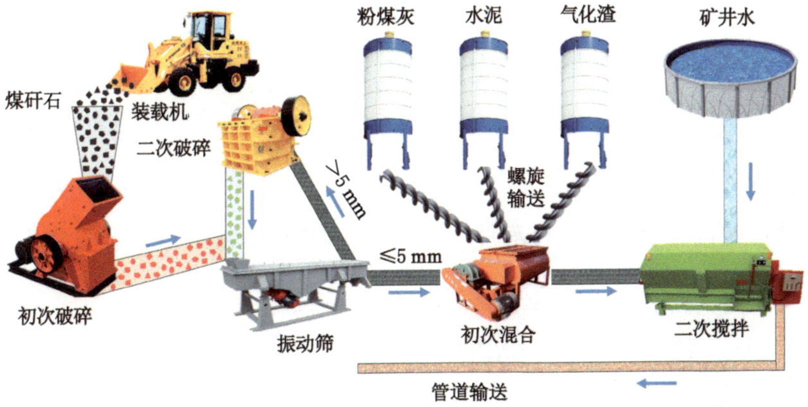

图 6-6　注浆充填浆液制备系统

6.3.3　注浆充填效果保障措施

垮落带注浆充填效果主要受地质条件、料浆性能、充填工艺、设备性能、组织管理等因素影响。为保障垮落带注浆充填效果，分别从充填工艺、充填材料、充填设备、组织管理、地质条件等方面进行优化，垮落带注浆充填效果保障措施如图 6-7 所示。

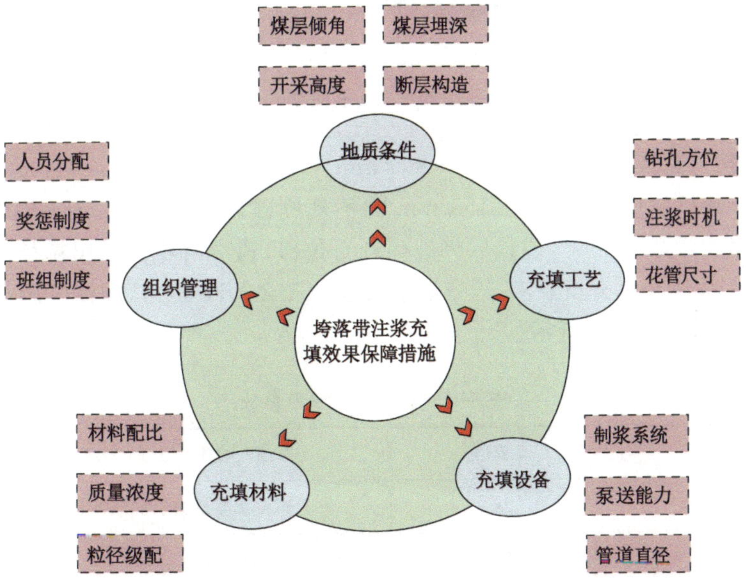

图 6-7　垮落带注浆充填效果保障措施

由图 6-7 可知：垮落带注浆充填效果保障主要措施有充填工艺优化，包括钻孔方位、注浆时机、花管尺寸等；充填设备优化，包括制浆系统、泵送能力、管道直径等；充填材料优化，包括材料配比、质量浓度、粒径级配等；组织管理优化，包括人员分配、奖惩制度、班组制度等；地质条件优化，包括煤层倾角、煤层埋深、开采高度、断层构造等。通过对各因素的控制管理，有效确保垮落带注浆充填效果，达到矿区煤炭资源开采与环境保护的协调发展。

6.4 垮落带注浆充填模拟分析

6.4.1 模型建立与模拟方法

基于上述试验区工程背景及垮落带注浆充填开采方案，建立破碎矸石空隙注浆充填数值模型，如图 6-8 所示。

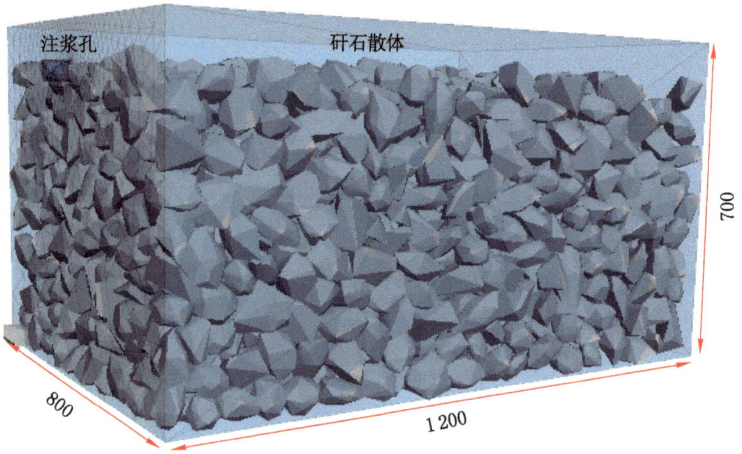

图 6-8 数值模型

模型尺寸长×宽×高为 1 200 mm×800 mm×700 mm，调用 4.2 节建立的破碎矸石边界轮廓数据库，随机生成粒径 100～150 mm 的不规则破碎矸石，分次装入模型箱体并施加重力，重力加速度为 9.8 m/s^2，装料后将破碎矸石位移、速度清零。采用粒径 2～4 mm 的球颗粒模拟煤基固体废弃物充填浆液，给充填浆液施加 1.2 MPa 压力，即注浆压力为 1.2 MPa。充填浆液细观参数如表 6-1 所示。

表 6-1 充填浆液细观参数

细观参数	数值	细观参数	数值
抗拉强度/MPa	0.9	颗粒摩擦系数	0.50
抗拉强度标准偏差/MPa	0.05	黏结强度标准偏差/MPa	0.15
法向切向刚度比	3.0	黏结强度/MPa	1.2

6.4.2 注浆充填分析

煤基固体废弃物浆液在破碎矸石空隙内流动扩散的时空演化特征如图 6-9 所示。由图 6-9 可知：

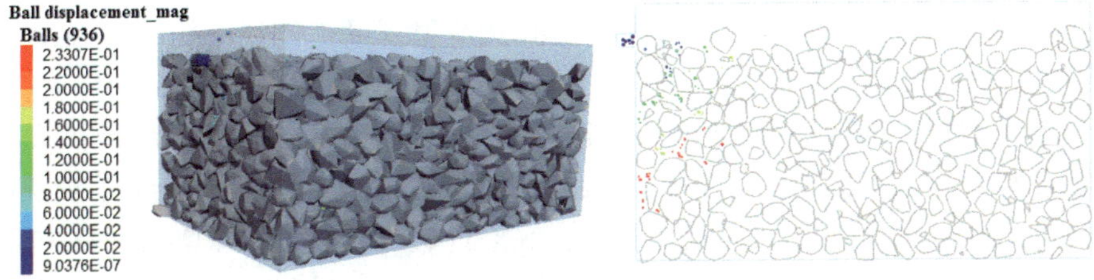

(a) 注浆10 s

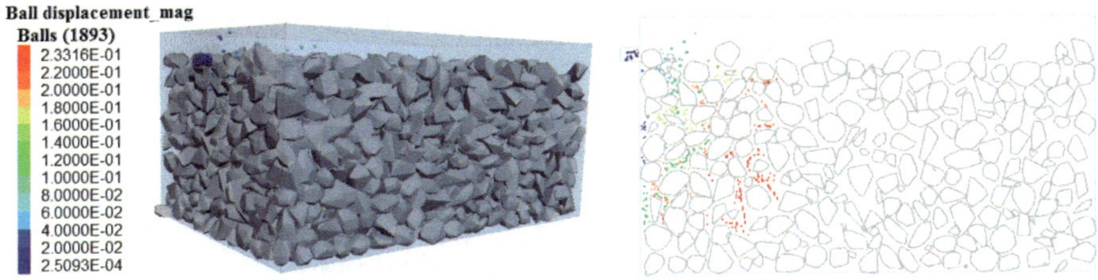

(b) 注浆40 s

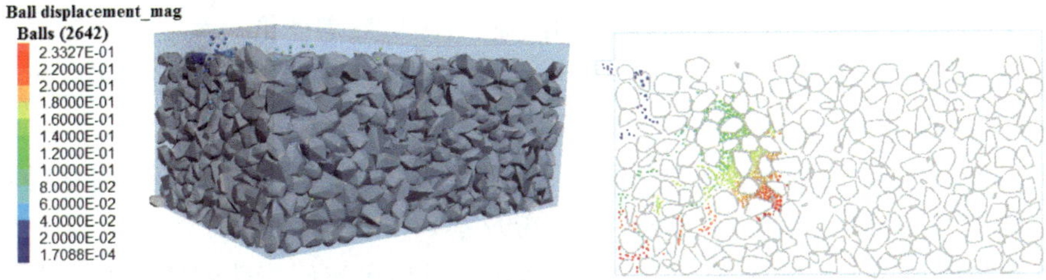

(c) 注浆80 s

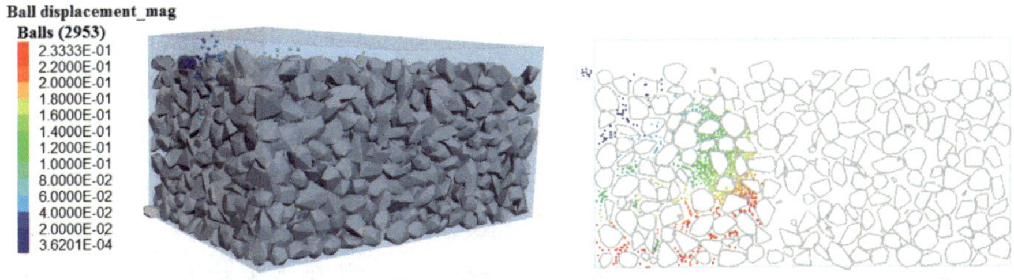

(d) 注浆150 s

图 6-9 注浆充填模拟结果

① 浆液扩散范围随着注浆量的增加不断增大，但扩散速率逐渐减缓，直至达到最佳充填状态。浆液扩散范围的最大值始终位于注浆孔前方，且随着注浆量和注浆压力的增大而增大，两者呈非线性关系。

② 注浆充填 10 s 时，浆液在注浆孔附近的破碎矸石空隙内快速扩散，主要以纵向扩散

下渗为主，扩散形态呈抛物线形，注浆压力驱动下少量浆液触碰到矸石块体发生飞溅，在矸石块体顶部形成椭圆形浆液覆盖区。注浆充填 40 s 时，浆液在注浆孔附近的优势扩散通道快速下渗，较多浆液颗粒触碰矸石块体发生不同程度的飞溅，椭圆形浆液覆盖区范围不断扩大。注浆充填 80 s 时，浆液已扩散下渗到破碎矸石底部空隙，椭圆形覆盖区的浆液在重力作用下发生缓慢纵向扩散，覆盖区下方破碎矸石空隙的填充效果较好。注浆充填 150 s 时，破碎矸石底部空隙的浆液开始横向扩散，覆盖区的少量浆液扩散到底部空隙，至此注浆孔附近区域形成网状优势扩散通道。

③ 随着注浆量不断增加，破碎矸石空隙被浆液填充，浆液扩散范围缓慢扩大直至达到扩散极限。煤矿采空区破碎矸石可有效控制上覆岩层弯曲下沉，但高强度开采采场空间大易诱发矿井灾害，造成人员伤亡与经济损失。采空区破碎矸石未被压实前，向破碎矸石空隙高压注入浆液形成浆-岩混合体，可以减小工作面采场空间与采动应力，有效提高采空区破碎岩块的承载性能，减少工作面开采期间的潜在灾害。

6.5 现场应用效果分析

6.5.1 注浆充填效果分析

垮落带注浆充填开采属于隐蔽工程，很难直接分析评价充填效果。通常采用钻孔电视、瞬变电磁、钻孔取样、地表沉陷监测等对注浆充填效果进行实测分析。钻孔取样与地表沉陷监测具有实用、操作简单等特点，被广泛应用于矿山充填效果评价。为了监测垮落带注浆充填开采地表变形演化特征与充填效果，利用差分干涉测量短基线集时序分析技术（Small Baseline Subset InSAR，SBAS-InSAR）反演分析任家庄煤矿试验区时间沉降序列。此次数据为覆盖试验区的 30 景 Sentinel-1A 影像，提取监测期间的地表沉降信息，信息提取的主要步骤是干涉图生成、相位解缠、地理编码和沉降反演。

选取部分地表沉降监测结果，如图 6-10 所示。试验区实施垮落带注浆充填后地表产生极轻微破坏，对地表建筑和基础设施无影响。试验矿井主采煤层为 3 煤、5 煤和 9 煤，3 煤、5 煤已开采结束，两煤层间距约 40 m。试验工作面上方 110503 工作面已完成开采 6 年，5 煤、9 煤间距约 60 m，煤层间存在强度高、厚度大的粉砂岩和细粒砂岩，在上覆岩层压力作用下 110503 工作面采空区已压实稳定。试验工作面开采期间在垮落带破碎矸石空隙高压注入浆液形成浆-岩混合体，控制基本顶和上覆岩层的运动变形，试验工作面不满足充分采动条件，地表下沉逐渐趋于稳定后，地表最大下沉量为 146.3 mm，符合规程中地表沉陷破坏指标要求。

现场采集垮落带注浆充填试验区浆-岩混合体样品，微观观测样品新鲜断口形貌，直观了解浆液扩散流动与矸石胶结浸染过程。垮落带注浆充填浆-岩混合试样断口微观形貌如图 6-11 所示。

由图 6-11 可以看出，充填料浆的主要矿物成分氢氧化钙（CH）、水化硅酸钙（C—S—H）、钙矾石（AFt）的微观特征明显。浆体表面分布着絮凝状或纤维状 C—S—H 凝胶；氢氧化钙（CH）形态为层片，层间通过氢键联结；钙矾石（AFt）分布在水化硅酸钙内部，形态呈细长的针棒状。充填浆体微观结构呈不规则状，颗粒自然堆积形成孔隙，粉煤灰、气化渣等小颗粒填充孔隙，增大了混合料的堆积密度。

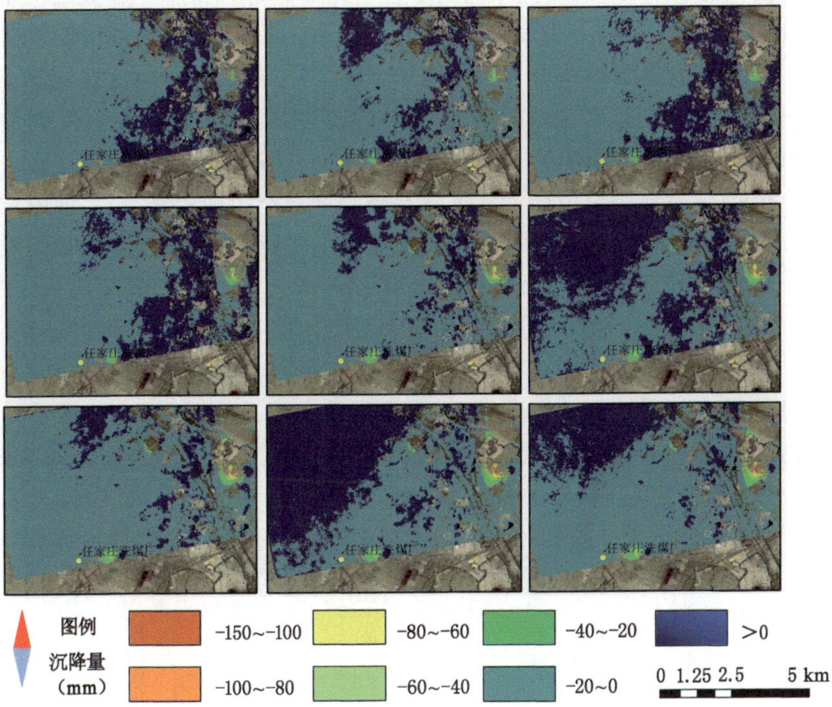

图 6-10 试验区地表沉降

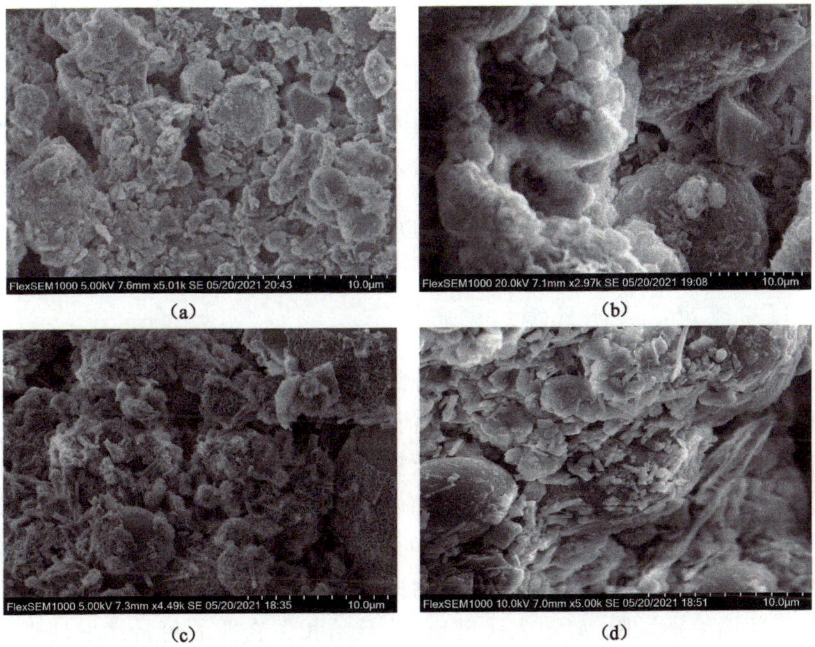

图 6-11 垮落带注浆充填浆-岩混合试样

不同注浆充填阶段浆体微观形貌存在差异。注浆充填 3 d 采集的样品微观结构如图 6-11(a)所示，浆体内部粉煤灰颗粒裸露，表面含有少量云状颗粒，没有使原生大颗粒紧密联结。注浆充填 7 d 采集的样品微观结构如图 6-11(b)所示，针棒状钙矾石发育明显，长度约为 10 μm，覆盖在氢氧化钙表面，絮凝状水化硅酸钙凝胶多孔洞，尖端出现分叉现象。注浆充填 14 d 采集的样品微观结构如图 6-11(c)所示，C—S—H 凝胶充分发育，大量的薄丝状物质黏结在矸石表面，说明充填浆液已流动扩散至破碎矸石空隙中，与矸石界面胶结良好。注浆充填 28 d 采集的样品微观结构如图 6-11(d)所示，水化产物数量稳定，针状钙矾石充分发育生长在水化硅酸钙周围，浆-岩界面附着大量水化产物。试样微、细观结构决定宏观属性，从微观到宏观，从局部到整体，各组分相互联系、相互作用，注浆充填减少了破碎矸石空隙，可有效承载上覆岩层结构。

从 2023 年 6 月充填系统开始生产运行，现场充填期间系统运行稳定，煤基固废浆体管道输送状态稳定，浆体中固体颗粒未发生淤积，且浆体在采空区空隙空间流动性较佳，未出现聚集沉降现象。截至 2024 年 6 月，已充填处置煤基固废 11.1 万 t，成功将充填开采技术用于解决煤电基地煤基固废排放及地表沉陷控制难题。固废充填量统计见图 6-12。

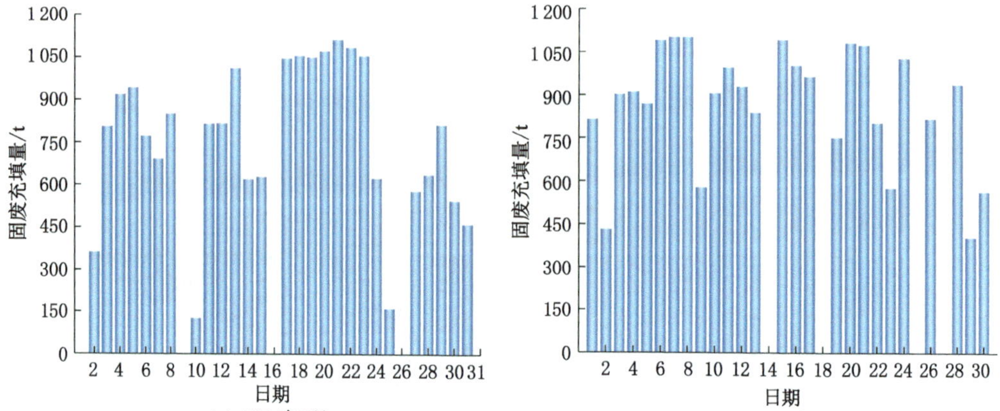

(a) 2024年3月　　(b) 2024年4月

图 6-12　固废充填量统计

6.5.2　注浆充填对地下水环境的影响

煤炭是我国重要的一次能源，是我国能源结构的重要组成部分，“富煤、贫油、少气”的能源资源禀赋决定了煤炭在我国的能源生产和消费中的主体地位。煤炭的开采、加工、消费过程带动了煤化工企业的快速发展，为经济增长提供了持续的动力。然而，在煤炭开采和利用过程中会产生一些不可避免的固体废弃物，如煤矸石、粉煤灰、煤气化渣、脱硫石膏和炉底渣等，称之为煤基固废。到目前为止，煤基固废的累计堆放量已经达到数百亿吨，并且保持着每年新产生 15 亿 t 的高速增长。煤基固废的产生量和贮存量较大，多数被堆积于地表，这极大地增加了环境污染风险，威胁人民健康，并且给相关企业的可持续发展带来持续的压力，煤基固废的处理处置迫在眉睫。

井下充填技术在我国经过数十年的发展，应用较为普遍，成为规模化处置固废的重要途径。有研究显示，以煤基固废为原料制备的充填材料，在养护期 3 d 其抗压强度为 0.68 MPa，

14 d则为 2.27 MPa,28 d 为 2.78 MPa,满足使用标准。充填料充填采空区后,对地下环境尤其是对地下水影响研究尚未得到足够的重视。多源煤基固废井下充填后,前期主要受顶板水淋溶,后期饱水后受矿井水浸泡。由于充填体抗渗性相对较差,充填井下后可能会受地下水浸泡、淋溶而溶出某些有毒元素。若想让煤基固废真正实现绿色资源化利用,必须考虑使用煤基固废作为注浆充填材料所带来的环境风险。

综上分析,本研究模拟多源煤基固废充填体井下注浆充填时,浸出液中的重金属、矿化度和 pH 的动态变化过程,探索多源煤基固废注浆充填体中重金属以及其他指标在地下水环境中的浸泡和淋溶规律,以及充填体中重金属和 pH、矿化度、电导率对地下水的影响,相关研究的技术路线见图 6-13。

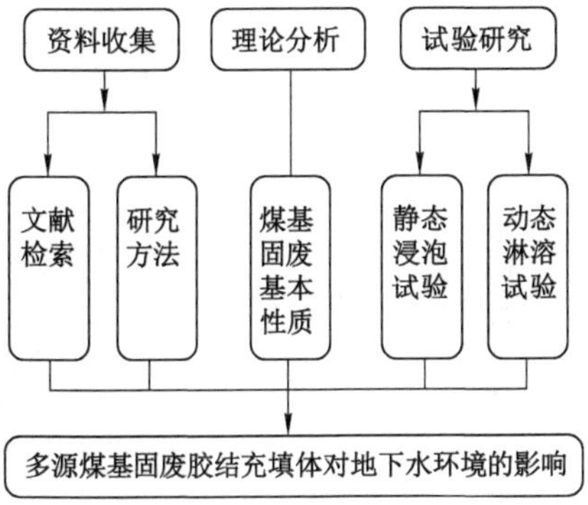

图 6-13　研究技术路线

(1) 试验材料

研究使用的煤基固废材料均来源于宁夏,其中,煤矸石采集自某煤矿,粉煤灰、脱硫石膏、气化渣和炉底渣取自宁东基地和煤制油企业,多源煤基固废膏体充填体则来自安徽理工大学矿业工程学院,配比为煤矸石(粒径小于 2.55 mm)1 200 g、粉煤灰 200 g、脱硫石膏 100 g、煤气化渣 150 g、炉底渣 150 g、水 533.08 g 以及水泥(硅酸盐水泥)90 g。样品取回实验室后,使用球磨机和研钵粉碎研磨,经过筛和恒温干燥箱干燥后留存,测试分析前重新对样品进行干燥处理。

(2) 静态浸泡试验

对注浆充填体试块进行静态浸泡试验,将获取的 10 g 充填体置于锥形瓶中,液固比为 20∶1,加入 200 mL 的浸提液(纯水、酸性水)后将锥形瓶置于恒温水浴振荡器连续振荡,每隔一天取出一个锥形瓶提取上清液,酸化后记为待测水样。对溶出液的 pH、矿化度以及其中的重金属(Cu、Cr、Ni、As、Cd 和 Co)的浓度进行检测,探究充填体在静态浸泡状态下的浸出规律,以及对地下水水质的影响。其中,根据地下水质量标准,Ⅰ类主要反映地下水化学组分的天然低背景含量,适用于各种用途;Ⅱ类主要反映地下水化学组分的天然背景含量,适用于各种用途;Ⅲ类以人体健康基准值为依据,主要适用于集中式生活饮用水水源及工农业用水;Ⅳ类以农业和工业用水要求为依据,除适用于农业和部分工业用水外,适当处理后可作为生活用水;Ⅴ类不宜饮用,其他用水可根据使用目的选用。地下水质量标准参考 GB/T 14848—2017。

(3) 动态淋溶试验

对试块开展动态淋溶试验时,向亚克力材质淋溶柱中分别加入多孔滤板、滤纸滤网、石英砂、充填体、滤纸滤网、石英砂、滤纸滤网、多孔滤板,如图 6-14 所示。多孔滤板作用:分流,保证流速相同。石英砂作用:顶部石英砂可保证淋滤液均匀渗透,底部则可防止样品随淋滤液流入取样瓶中。滤纸、滤网作用:过滤,防止样品随淋滤液流出而造成试验误差。其中多孔滤板、石英砂和淋溶柱先经过酸泡而后用纯水清洗,浸泡过夜,干燥后方可使用。浸出液(纯水、酸性水)体积为 180 mL,每天取样一次,持续 11 d,对淋溶液进行过滤,酸化后记为待测样。对淋溶浸出液的 pH、矿化度以及其中的重金属(Cu、Cr、Ni、As、Cd 和 Co)的浓度进行检测,探究充填体在动态淋溶状态下的浸出规律。

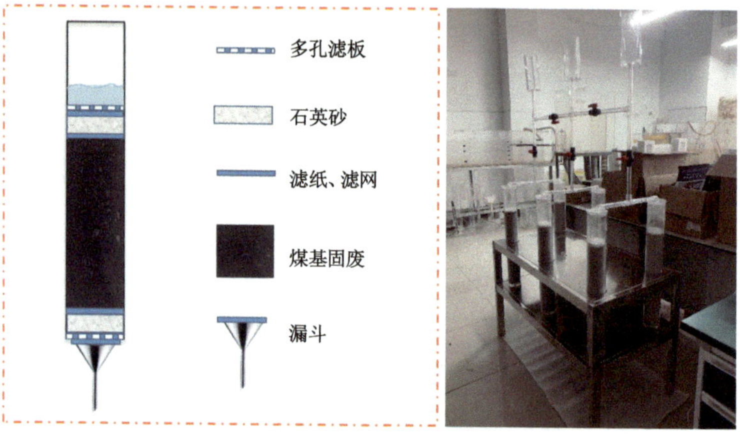

图 6-14 动态淋溶试验装置简图和实物图

(4) 浸出液 pH 检测结果分析

注浆充填体静态和淋溶浸出液 pH、矿化度以及几种元素含量检测结果见表 6-2。下面分别讨论这些因素的变化情况。

表 6-2 静态和淋溶浸出液 pH、矿化度、元素含量检测结果

	时间/d	pH	矿化度/10^{-6}	Cu/10^{-9}	Cr/10^{-9}	Ni/10^{-9}	As/10^{-9}	Cd/10^{-9}	Co/10^{-9}
纯水静态浸出	1	10.48	845.06	—	0.65	0.02	—	0.03	0.55
	2	11.00	1 391.2	—	23.15	0.06	—	0.02	0.48
	3	10.96	1 250.2	—	30.07	0.09	—	0.13	0.44
	4	11.01	1 245.5	—	242.10	2.55	—	—	0.31
	5	11.04	1 226.7	—	190.59	1.68	—	—	0.29
	6	11.18	1 231.4	—	184.76	3.63	—	—	0.35
	7	11.01	1 233.1	—	130.23	3.24	—	—	0.29
	8	11.04	1 226.7	—	80.30	3.01	—	—	0.33
	9	11.00	1 222.0	—	93.90	3.15	—	—	0.36
	10	11.05	1 236.1	—	83.30	3.09	—	—	0.31
	11	11.02	1 236.1	—	85.96	3.16	—	—	0.26

表 6-2(续)

	时间/d	pH	矿化度/10^{-6}	Cu/10^{-9}	Cr/10^{-9}	Ni/10^{-9}	As/10^{-9}	Cd/10^{-9}	Co/10^{-9}
纯水淋溶浸出	1	10.94	293.75	0.99	889.07	0.57	—	0.07	0.28
	2	10.98	1 880.0	0.60	353.32	0.91	—	0.04	0.45
	3	11.04	1 466.4	0.09	227.62	0.62	—	0	0.39
	4	11.14	1 358.3	—	313.04	1.72	—	−0.03	0.21
	5	11.20	1 297.2	—	343.90	2.08	—	−0.06	0.14
	6	11.14	1 240.8	—	139.31	0.32	—	0.04	0.31
	7	11.23	1 231.4	—	106.34	—	—	0.10	0.24
	8	11.17	1 231.4	—	115.14	—	—	0.01	0.27
	9	11.25	1 231.4	—	45.96	—	—	−0.08	0.42
	10	11.20	1 217.3	—	62.90	—	—	0.08	0.31
	11	11.18	1 203.2	—	22.46	—	—	0.09	0.30
酸性水淋溶(pH=4.5)	1	10.18	1 635.6	0.15	158.61	0.55	—	0.11	0.24
	2	10.12	1 621.5	0.03	167.06	1.04	—	−0.01	0.29
	3	10.16	1 499.3	0.03	116.40	1.12	—	−0.09	0.38
	4	10.25	1 499.3	—	84.50	0.30	—	0.04	0.44
	5	10.38	1 353.6	—	17.20	−0.04	—	0.07	0.48
	6	10.04	1 424.1	—	38.80	0.61	—	0.06	0.35
	7	10.38	1 334.8	—	—	−0.04	—	0.12	0.48
	8	10.33	1 452.3	—	—	0.15	—	0.17	0.36
	9	10.36	1 358.3	—	—	0.23	—	0.22	0.52
	10	10.34	1 414.7	—	—	—	—		
	11	10.36	1 316.0	—	—	—	—		

注:"—"表示低于仪器检出限。

由图 6-15 可知,在静态浸泡过程中,多源煤基固废注浆充填体的浸出液 pH 总体维持在 10.0 以上,其本质原因是膏体发生了水化反应。水泥和煤基固废(脱硫石膏除外),均含有大量的钙氧化物,水化反应生成大量的 $Ca(OH)_2$,从而使浸出液的 pH 增大,反应方程见式(6-10)和式(6-11)。

$$3CaO \cdot SiO_2 + nH_2O \xlongequal{} xCaO \cdot SiO_2 \cdot (n-3+x)H_2O + (3-x)Ca(OH)_2 \quad (6\text{-}10)$$

$$2CaO \cdot SiO_2 + nH_2O \xlongequal{} xCaO \cdot SiO_2 \cdot (n-2+x)H_2O + (2-x)Ca(OH)_2 \quad (6\text{-}11)$$

相关研究表明,纯水泥与水混合 10 s 后 pH 可达 12.8,混合 5 min 后可达 13.1,高于充填体试块浸出液的 pH。在充填体浸泡的第 6 天 pH 出现峰值后,随着时间的延长,充填体水化反应持续进行。与此同时,煤基固废中的矿物成分与 $Ca(OH)_2$ 反应生成硅酸二钙($2CaO \cdot SiO_2$)和铝酸三钙($3CaO \cdot Al_2O_3$),消耗了部分 OH^-,反应方程见式(6-12)和式(6-13)。随着充填体吸水达到饱和,充填体内部产生细微裂隙,充填体内部反应生成的 $Ca(OH)_2$ 被释放,膏体浸出液中的 OH^- 浓度升高,碱性随之增强。相比静态浸出,淋溶浸出液中的 pH 普遍较高,主要原因在于与水接触后的充填体水化反应产生的 Ca^{2+} 随着浸提液而流动,与

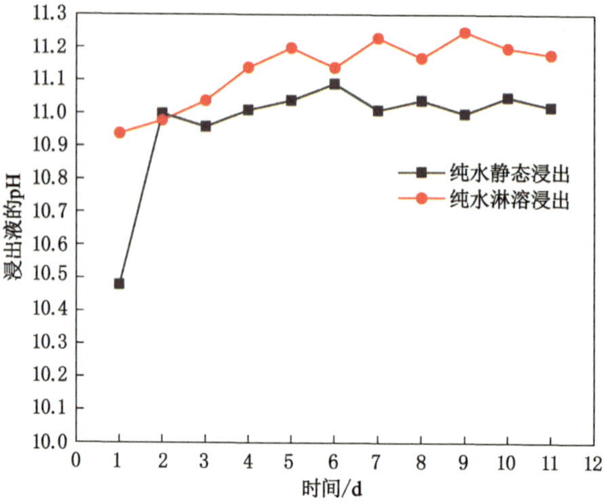

图 6-15　静态浸出液 pH 变化曲线

OH^-结合的Ca^{2+}减少，充填体内部生成的$Ca(OH)_2$被不断释放，从而造成OH^-的浓度升高。

$$2SiO_2+3Ca(OH)_2 = 3CaO\cdot 2SiO_2\cdot 3H_2O \tag{6-12}$$

$$Al_2O_3+3Ca(OH)_2+3H_2O = 3CaO\cdot Al_2O_3\cdot 6H_2O \tag{6-13}$$

考虑充填体的抗渗性较差，其充填于地下后，在地下水的冲刷下，其中的有害成分可能发生浸出，从而影响地下水环境。采用淋溶浸出试验能够更为真实地分析这种行为。如图 6-16 所示，模拟的酸性矿井水淋溶试验中，淋溶浸出液的碱性与纯水作为浸出液相比较弱，这是由于酸性水与充填体中的氧化铁和氧化钙发生反应，溶剂的流动性导致反应缓慢持续进行，从而使水解产生的OH^-浓度降低，充填体浸出液碱性有缓慢增强的趋势，最终趋于平缓。静态浸出和淋溶浸出液的总体 pH 都超出地下水Ⅴ类水质标准，是影响地下水水质的主要污染指标，应用时要考虑多源煤基固废注浆充填材料酸碱性对地下水的影响。

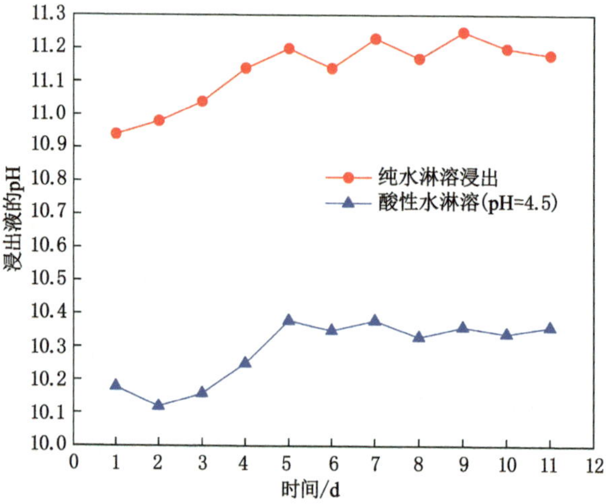

图 6-16　淋溶浸出液 pH 变化曲线

(5) 浸出液 TDS 检测结果分析

纯水作为浸提液,随着淋溶时间的增长,静态浸出和动态淋溶浸出液中的溶解性总固体(TDS)浓度(矿化度)先增长后下降,最终在 1 200 mg/L 时达到动态平衡,如图 6-17(a)所示,超出地下水Ⅲ类标准要求的溶解性总固体浓度。前期膏体发生水化反应生成 $Ca(OH)_2$,其表面或未参与反应的 Ca^{2+} 逐渐溶解,致使 TDS 增加,而后期充填体中的粉煤灰和炉底渣等的活化又消耗了溶液中的 Ca^{2+},从而形成 TDS 先增大后减小的趋势。与纯水相比,酸性水由于 pH 较小,对 Ca^{2+} 和 Mg^{2+} 有明显的淋释作用,其浸出液的矿化度在 1 300 mg/L 达到动态平衡,见图 6-17(b)。

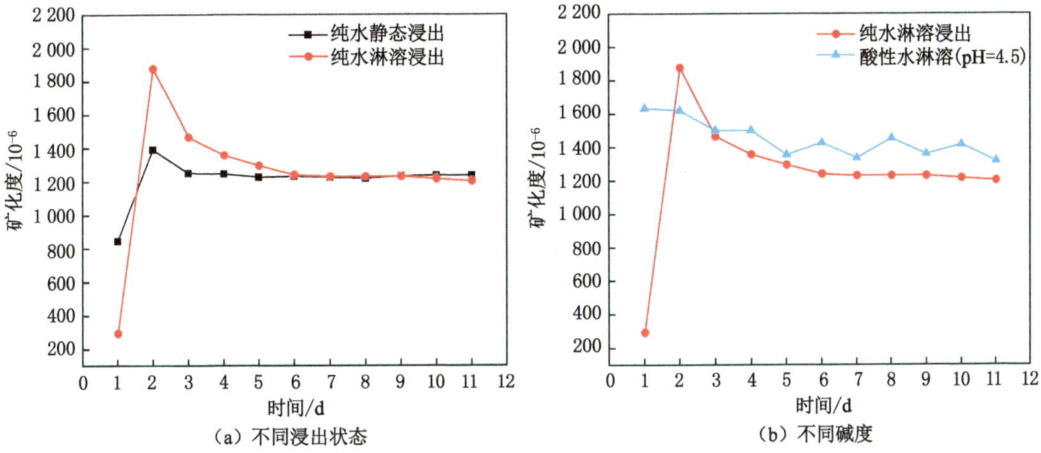

图 6-17 不同浸出状态、不同碱度下浸出液的矿化度变化曲线

(6) 浸出液重金属离子检测结果分析

浸出液中重金属离子变化规律如图 6-18 所示。在浸泡条件下,胶结充填体浸出液中 Cr 大量溶出,第 4 天达到峰值 $1.905\ 9\times10^{-7}$;随着浸泡时间的延长,浓度逐渐下降,并在 8.0×10^{-8}左右上下波动,其浓度高于地下水质量Ⅲ类标准,可能对水质造成污染。Ni 在初期大量溶出,在第 6 天浓度达到峰值 3.63×10^{-9},超过地下水质量Ⅱ类标准,6 天以后呈曲折下降趋势,且 6 天以后的检测值均低于地下水质量Ⅱ类标准。Cd 和 Co 的含量较少,均低于地下水质量Ⅱ类标准。As 含量甚微,低于仪器检出限,未检出。

通过淋溶试验,研究地下水流动对充填体中重金属浸出的影响。如图 6-19 所示,纯水淋溶状态下,随着时间的延长,浸出液中的 Cr 浓度不断下降,第 11 天时浓度为 2.246×10^{-8},此后仍有下降趋势;Cu 在淋溶第 3 天后,未检出;Ni、Cd 和 Co 的浓度始终低于地下水质量Ⅰ类标准,并未对水质产生威胁;As 含量甚微,低于仪器检出限,未检出。

鉴于井下环境的差异性,多数废弃矿井地下水显酸性,故将淋溶液调配至酸性,探究充填体中的重金属溶出规律,见图 6-20。酸性水加速了充填体中金属离子的溶出。其中 Cr 在第 7 天以后未检出;Ni、Cd、Co 和 Cu 的浓度虽略有波动,但均在地下水质量Ⅱ类标准以内;As 含量甚微,低于仪器检出限,仍未检出。

(7) 重金属浸出机理分析

无论是静态浸泡试验还是淋溶试验,充填体中的重金属浸出浓度均随时间的延长而逐

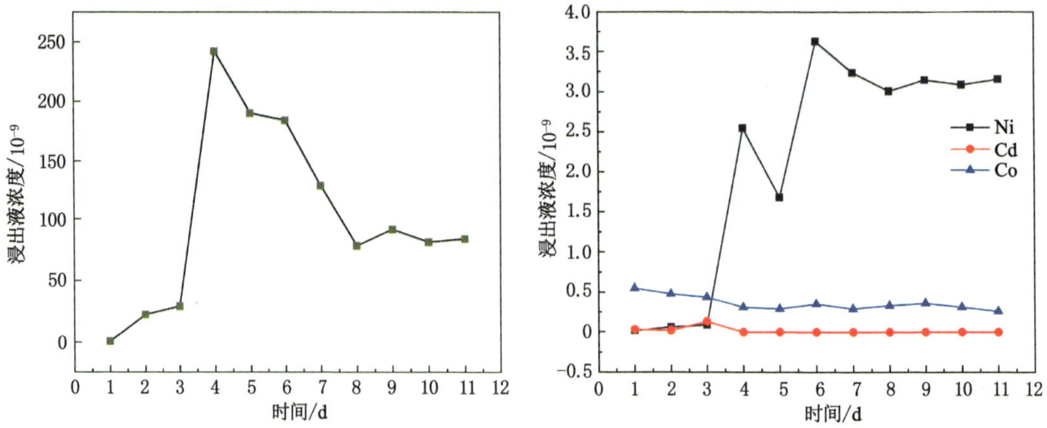

（a）Cr　　（b）Ni, Cd, Co

图 6-18　不同时间静态浸出液中各重金属浓度变化曲线

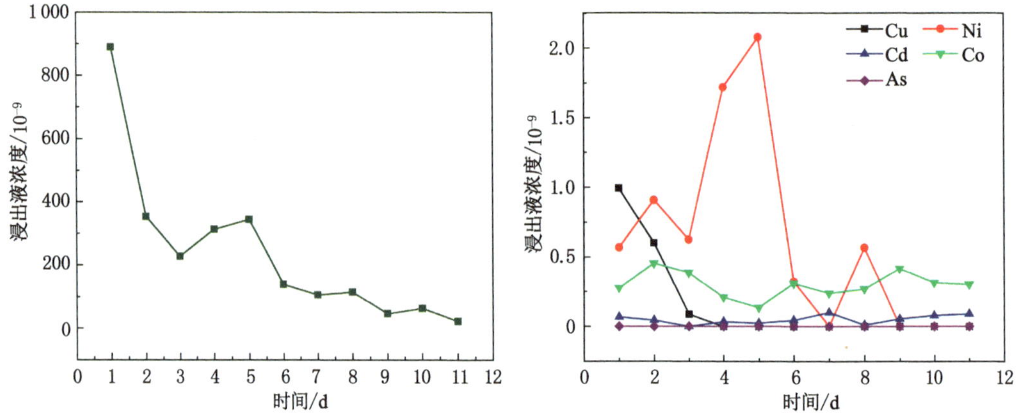

（a）Cr　　（b）Cu, Ni, Cd, Co, As

图 6-19　不同时间纯水淋溶浸出液中重金属浓度变化曲线

渐降低，而后在某一浓度上下波动。假定充填体中的煤基固废、水泥和水构成一个水化单元，且每个水化单元反应程度相同，充填体内部组分分布均匀，反应速率相同。煤基固废被水泥包裹，煤基固废与水泥之间存在的水与水泥和煤基固废中的钙氧化物均发生水化反应，从而生成水化硅酸钙（C—S—H）、水化硫铝酸钙（AFt）和 $Ca(OH)_2$ 等水化产物。随着水化过程的不断进行，水化产物逐渐覆盖在煤基固废和水泥表面，达到一定厚度后，内部的水泥和被包裹住的煤基固废无法与水接触，水化反应停止。

在整个水化过程中，重金属离子与 C—S—H、AFt、$Ca(OH)_2$ 等水化产物发生一系列物理化学反应。重金属离子与 OH^- 结合生成相应的碱性沉淀；重金属离子由于电负性与水化产物中的部分离子相似，因此可以替代水化产物中的离子，达到固化封存的目的。例如，Cr^{3+} 取代 AFt 中 Al^{3+}，Cr^{3+} 与 H^+ 共同取代 C—S—H 中的 Si^{4+}，CrO_4^{2-} 取代 AFt 中 SO_4^{2-}，Cu^{2+}、Pb^{2+} 替代 C—S—H 凝胶中的 Ca^{2+}，从而被封存在污泥基充填膏体中。部分重金属离子未参与化学反应，以游离的形式在范德瓦耳斯力与异电荷之间的吸引力作用下被水化

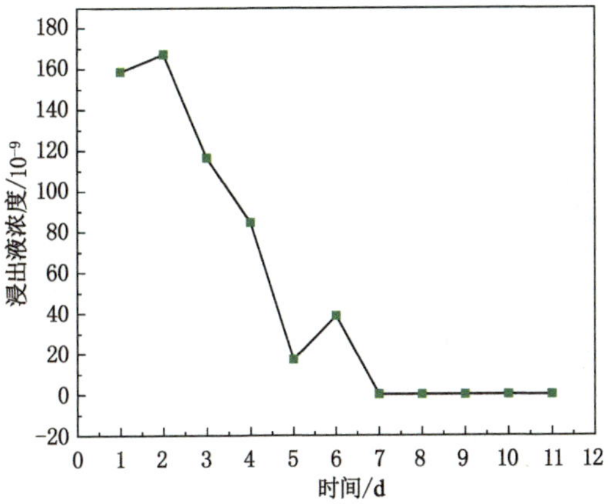

（a）Cr

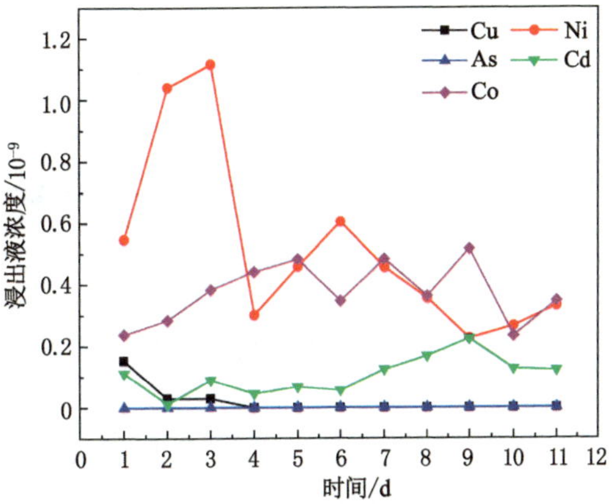

（b）Cu, Ni, Cd, Co, As

图 6-20　不同时间酸性水淋溶浸出液中重金属浓度变化曲线

产物包裹、固封于充填膏体中。

此外，重金属离子均带正电荷，而水分子为极性分子，氧原子的一端带有负电，致使水分子与游离的重金属离子形成配位体，即水合金属离子。水合金属离子又会在浓度梯度力的作用下发生浸出，致使浸出液中重金属离子浓度增加。而且随着时间的推移，充填体外部的重金属离子浓度逐渐增加，内部浓度逐渐减小，浓度差不断缩小，浓度梯度力也逐渐变弱，从而致使重金属离子的浸出速率降低，最终浸出液中的重金属离子浓度保持平衡。

参考文献

[1] 常贯峰.多源煤基固废材料充填特性及其与矸石组合承载性能实验研究[D].淮南:安徽理工大学,2022.

[2] 陈登红,李超,张治国.宁东矿区气化渣基膏体充填材料性能优化研究[J].煤田地质与勘探,2022,50(12):41-50.

[3] 陈瑞毅,杨科,马国军,等.炉底渣掺量对充填体力学特性的影响研究[J].矿业研究与开发,2022,42(3):71-75.

[4] 褚廷湘,李品,晁江坤,等.承压破碎煤体碎胀系数演变特征与机制[J].煤炭学报,2017,42(12):3182-3188.

[5] 范超军,李胜,海龙,等.矸石-粉煤灰充填采煤覆岩结构与变形规律[J].地下空间与工程学报,2018,14(1):117-123.

[6] 郭文兵,马志宝,白二虎.我国煤矿"三下一上"采煤技术现状与展望[J].煤炭科学技术,2020,48(9):16-26.

[7] 韩磊,杨科,王天君,等.采动覆岩离层注浆地表沉陷"四区"控制模型及应用[J].煤炭科学技术,2023,51(8):23-35.

[8] 何淑欣,杨科,何祥,等.正态分布矸石侧限压缩特征与声发射特征研究[J].地下空间与工程学报,2024,20(3):827-837.

[9] 胡炳南,刘鹏亮,崔锋,等.我国充填采煤技术回顾及发展现状[J].煤炭科学技术,2020,48(9):39-47.

[10] 华心祝,常贯峰,刘啸,等.多源煤基固废充填体强度演化规律及声发射特征[J].岩石力学与工程学报,2022,41(8):1536-1551.

[11] 黄艳利,王文峰,卞正富.新疆煤基固体废弃物处置与资源化利用研究[J].煤炭科学技术,2021,49(1):319-330.

[12] 李猛,张吉雄,黄鹏,等.深部矸石充填采场顶板下沉控制因素及影响规律研究[J].采矿与安全工程学报,2022,39(2): 227-238.

[13] 李全生.井工煤矿减损开采理论与技术体系[J].煤炭学报,2024,49(2):1-15.

[14] 李巍,黄艳利,高华东,等.不同级配矸石侧限压缩过程声发射特征研究[J].采矿与安全工程学报,2020,37(1):155-161,168.

[15] 梁卫国,郭凤岐,于永军,等.煤矸石井下原位智能分选充填技术研究进展[J].煤炭科学技术,2024,52(4):12-27.

[16] 刘建功,李新旺,何团.我国煤矿充填开采应用现状与发展[J].煤炭学报,2020,45(1):141-150.

[17] 刘建功,赵家巍,刘扬,等.煤矿矿区普适性拓展型固体改性充填采煤技术与装备[J].

煤炭学报,2024,49(1):380-399.
[18] 罗肖龙,何祥,杨科,等. Talbol 级配下矸石集料承载特性与声发射响应特征研究[J]. 煤炭技术,2023,42(12):27-31.
[19] 吕鑫,杨科,方珏静,等. 采空区破碎岩体负压注浆加固试验研究与机制分析[J]. 岩石力学与工程学报,2023,42(增刊 2):4174-4188.
[20] 马占国,郭广礼,陈荣华,等. 饱和破碎岩石压实变形特性的试验研究[J]. 岩石力学与工程学报,2005,24(7):1139-1144.
[21] 孙闯,闫少宏,徐乃忠,等. 大采高综采工作面采空区垮落矸石刚度实验[J]. 煤炭学报,2020,45(增刊 1):38-48.
[22] 孙希奎."三下"采煤膏体充填开采技术研究[J]. 煤炭科学技术,2021,49(1):218-224.
[23] 王海龙,王琦,赵振华,等. 采空区冒落矸石承压变形特征及侧向压力分布规律研究[J]. 煤炭科学技术,2023,51(6):20-29.
[24] 王双明,申艳军,宋世杰,等."双碳"目标下煤炭能源地位变化与绿色低碳开发[J]. 煤炭学报,2023,48(7):2599-2612.
[25] 王小林,郭进平,吴爱祥,等. 基于骨料运移的高浓度充填管道磨损机制[J]. 中国有色金属学报,2024(6):2099-2111.
[26] 王玉涛. 煤矸石固废无害化处置与资源化综合利用现状与展望[J]. 煤田地质与勘探,2022,50(10):54-66.
[27] 魏祯. 采空区垮落带破碎岩石压实特性与注浆充填浆液扩散机理研究[D]. 淮南:安徽理工大学,2023.
[28] 文志强,杨科,何祥,等. 多源煤基固废充填体固结与承载性能的温度效应研究[J]. 煤矿安全,2024,55(4):134-142.
[29] 奚弦,桑树勋,刘世奇,等. 煤矿区固废矿化固定封存 CO_2 与减污降碳协同处置利用的研究进展[J]. 煤炭学报,2024,49(8):3619-3634.
[30] 肖猛,巨峰,何泽全,等. 矸石充填材料侧压系数影响因素试验研究[J]. 采矿与安全工程学报,2020,37(1):73-80.
[31] 谢和平,张吉雄,高峰等. 煤矿负碳高效充填开采理论与技术构想[J]. 煤炭学报,2024,49(1):36-46.
[32] 徐文彬,陈伟,张亚伦,等. 深部充填开采矸石-粉煤灰料浆流变特性研究[J]. 煤炭科学技术,2023,51(3):85-93.
[33] 许家林. 煤矿绿色开采 20 年研究及进展[J]. 煤炭科学技术,2020,48(9):1-15.
[34] 闫浩,张吉雄,张升,等. 散体充填材料压实力学特性的宏细观研究[J]. 煤炭学报,2017,42(2):413-420.
[35] 杨科,魏祯,赵新元,等. 黄河流域煤电基地固废井下绿色充填开采理论与技术[J]. 煤炭学报,2021,46(增 2):925-935.
[36] 杨科,魏祯,何祥,等. 矸石集料承载力学特性模拟研究[J]. 煤炭学报,2022,47(3):1087-1097.
[37] 杨科,赵新元,何祥,等. 多源煤基固废绿色充填基础理论与技术体系[J]. 煤炭学报,2022,47(12):4201-4216.

[38] 杨科，赵新元，何祥，等. 原位充填覆岩三场时空演化规律及力学机制研究[J]. 采矿与安全工程学报，2023，40(4)：643-655.
[39] 杨科，方珏静，张吉雄，等. 加浆改性固体充填材料承载压缩特性与固结机制[J]. 中国矿业大学学报，2024，53(3)：456-468.
[40] 杨科，何淑欣，何祥，等. 煤电化基地大宗固废“三化”协同利用基础与技术[J]. 煤炭科学技术，2024，52(4)：69-82.
[41] 杨科，张继强，何祥，等. 多源煤基固废胶结充填体力学及变形破坏特征试验研究[J]. 煤田地质与勘探，2024，52(6)：102-114.
[42] 郁邦永，陈占清，冯梅梅，等. 基于 CT 扫描的饱和破碎灰岩侧限压缩下微观结构演化特征[J]. 煤炭学报，2017，42(2)：367-372.
[43] 袁亮. 我国煤炭主体能源安全高质量发展的理论技术思考[J]. 中国科学院院刊，2023，38(1)：11-22.
[44] 张超，展旭财，杨春和. 粗粒料强度及变形特性的细观模拟[J]. 岩土力学，2013(7)：2077-2083.
[45] 张村，赵毅鑫，屠世浩，等. 颗粒粒径对采空区破碎煤体压实破碎特征影响机制[J]. 煤炭学报，2020，45(增刊 2)：660-670.
[46] 张吉雄，张强，巨峰，等. 煤矿“采选充＋X”绿色化开采技术体系与工程实践[J]. 煤炭学报，2019，44(1)：64-73.
[47] 张吉雄，张强，周楠，等. 煤基固废充填开采技术研究进展与展望[J]. 煤炭学报，2022，47(12)：4167-4181.
[48] 张吉雄，周楠，高峰等. 煤矿开采嗣后空间矸石注浆充填方法[J]. 煤炭学报，2023，48(1)：150-162.
[49] 张俊文，王海龙，陈绍杰，等. 大粒径破碎岩石承压变形特性[J]. 煤炭学报，2018，43(4)：1000-1007.
[50] 张振东，李国英. 循环荷载作用下堆石料颗粒破碎特性试验研究[J]. 岩土工程学报，2017，39(8)：1510-1516.
[51] 赵新元，杨科，何祥，等. 基于 RSM-BBD 的多源煤基固废胶结体配比及性能研究[J]. 材料导报，2024，38(9)：149-155.
[52] 周楠，姚依南，宋卫剑，等. 煤矿矸石处理技术现状与展望[J]. 采矿与安全工程学报，2020，37(1)：136-146.
[53] 朱磊，古文哲，袁超峰，等. 煤矸石浆体充填技术应用与展望[J]. 煤炭科学技术，2024，52(4)：1-16.
[54] HE X，HE S X，YANG K，et al. Compaction characteristics and energy dissipation of crushed gangue with different particle sizes under mining stress[J]. Environmental earth sciences，2023，82(12)：310.
[55] LI M，ZHANG J X，ZHOU N，et al. Effect of particle size on the energy evolution of crushed waste rock in coal mines[J]. Rock mechanics and rock engineering，2017，50(5)：1347-1354.
[56] YANG K，ZHAO X Y，WEI Z，et al. Development overview of paste backfill

technology in China's coal mines: a review[J]. Environmental science and pollution research,2021,28(48):67957-67969.

[57] ZHANG J X,LI M,LIU Z,et al. Fractal characteristics of crushed particles of coal gangue under compaction[J]. Powder technology,2017,305:12-18.

[58] ZHANG J Q, HE X, YANG K, et al. Diffusion law of coal gangue slurry and the application of fluidized filling technology of gangue in caving area[J]. Scientific reports,2023,13:13226.

[59] ZHANG J Q, YANG K, HE X, et al. Study on mechanical properties and damage characteristics of coal-based solid waste cemented backfill[J]. Construction and building materials,2023,368:130373.

[60] ZHANG J Q,YANG K,HE X,et al. Research status of comprehensive utilization of coal-based solid waste (CSW) and key technologies of filling mining in China: a review[J]. The science of the total environment,2024,926:171855.